Gabrielle Brunner Scheidegger

Gesunder Sport- und Diensthund

Vom Welpen bis zum Senior

Konrad-Zuse-Straße 3, D-54552 Nerdlen/Daun
Telefon: 06592 957389-0
Telefax: 06592 957389-20
www.kynos-verlag.de

Grafik & Layout: Kynos Verlag
Gedruckt in Lettland

ISBN 978-3-942335-98-0

Bildnachweis: Siehe Seite 188

Gabrielle Brunner Scheidegger

Gesunder Sport- und Diensthund

Vom Welpen bis zum Senior

Inhalt

1 Einleitung

»Sport oder Dienst mit Hund? Oh ja! Unbedingt! Aber...«

...wie finde ich den Weg durch den Dschungel der Hunderassen und Züchter? Woran erkenne ich ihn denn, meinen kleinen oder großen Champion? Und habe ich ihn gefunden, wie nutze ich seine Talente, was muss ich beachten, um ihn gesund zu halten? Braucht er eine spezielle Ernährung? Wie viel soll und darf ich in welchem Alter trainieren? Diese und unzählige andere Fragen beschäftigen Tausende Hundebesitzer, die so einiges aus sich und ihrem Hund machen wollen und eigentlich auch könnten, hätten sie die richtige Wegleitung schon gefunden... Den Weg zum Erfolg oder einfach nur den Spaß im Team mit ihrem Hund.

In meiner Tierarztpraxis, die auf Sport- und Diensthunde spezialisiert ist, treffe ich häufig vielseitig frustrierte Hundeführer an, die schon lange nach dem richtigen Weg suchen und ihn noch nicht gefunden haben. Die anspruchsvolle, aber befriedigende Aufgabe ist es dann, diese Teams auf ihrem Weg zu begleiten, und die schöne Ernte dieser Saat: unzählige Pokale, Dankesschreiben und noch mehr glückliche Augenpaare.

Ich selbst befand mich in einer ähnlichen Situation, als ich mich entschied, ein Profi-Schlittenhundeteam zu betreuen. Ich fand mich inmitten eines Rudels von über hundert Schlittenhunden wieder. Ich solle eben dieses Rudel zu einem großen Titel führen. Zucht, Training, Ernährung, Freizeitausgleich, Geschwindigkeit, Material, Rennplan. Wirr wirbelten diese Begriffe in meinem Kopf herum. Es galt diese zu ordnen und mir Wissen anzueignen.

Unbrauchbare Tipps in großer Menge, Literatur zur Sporthundemedizin kaum vorhanden!

»Da muss ich mir wohl selber helfen!« Das damalige Endergebnis: Der Sieg des Teams am härtesten Sprintrennen der Welt. Die Open North American Championship, Fairbanks in Alaska!

Und hier bin ich also angekommen. Seit nun über 16 Jahren beschäftige ich mich fast ausschließlich mit diesen Themen und darf noch immer täglich dazulernen. Mit jeder einzelnen Teambetreuung gewinne ich noch mehr Erkenntnisse und baue diese immer wieder in meine bisherigen Theorien und Techniken ein. Es blieb natürlich nicht bei den Schlittenhunden, immer mehr Sportarten und Betreuungen kamen hinzu: Polizei- und Zollhunde (Schutz-, Betäubungsmittel- und Sprengstoffspürhunde), sportlich geführte Schutzhunde, Fährtenhunde, Mantrailing-Hunde, Windhunde und dann natürlich noch das Agility, meist im Zusammenhang mit Flyball, Dog Frisbee und oftmals auch der Hütearbeit an Schafen. Auch ich persönlich werde von immer mehr Hundesportviren gepackt und treibe mit meinen Hunden aktiv Hundesport.

Mit diesem Buch möchte ich Ihnen Tipps und Hinweise für den Umgang mit Ihrem Hund geben. Gleichzeitig werde ich zum besseren Verständnis die entsprechenden Hintergründe erläutern, egal, ob Sie Diensthundeführer, ambitionierter Sporthundeführer sind oder einfach mit Ihrem Hund mehr Spaß haben wollen, indem Sie ihm etwas mehr als reine Spaziergänge bieten. In ganz wenigen Fällen wird auf Spezialitäten hingewiesen, welche sportartspezifisch oder dienstspezifisch sind. Diese sind der Übersicht zuliebe im letzten Kapitel einzeln aufgeführt.

Ich wünsche Ihnen allen eine gesunde und erfolgreiche, also befriedigende Arbeit mit Ihrem Hund. Auf welches persönliche Ziel Sie auch immer mit Ihrem Hund hinarbeiten – eigentlich gilt auch hier: Der Weg ist das Ziel. Sie werden den Erfolg Ihrer Arbeit leicht an Ihrem Hund erkennen: Das unverwechselbare freudige Blitzen in seinen Augen wird es Ihnen zeigen!

Meine Parsonhündin »Chica Chili vom Trijen« ist nie so glücklich wie während ihrer Arbeit.

2 Ich finde meinen potenziellen Champion

Ein ganz spezieller Moment, auf den sich jeder Hundebesitzer besonders freut: Das Aussuchen des neuen Familienmitgliedes, des Freundes, der uns idealerweise sein ganzes Leben lang begleiten soll.

Darf der Hund sich dann zusätzlich zur Funktion des Begleiters noch auf eine Sportart oder einen besonderen Dienstbereich spezialisieren, wird diese Entscheidung zur Suche nach der Stecknadel im Heuhaufen. Leider kann ich Ihnen kein Rezept zur Hand geben, welches Ihnen den Erfolg garantiert. Aufgrund meiner langjährigen Berufserfahrung und zahlreicher Ankaufsuntersuchungen kann ich Ihnen aber doch ein paar gute Tipps mitgeben. Ich wünsche jedem, der loszieht, dass er sein eigenes, ganz spezielles Juwel findet!

2.1. Meine Überlegungen zur Rasse

Der größte Teil meiner Leserschaft, so behaupte ich, besitzt schon einen Hund. Oder Sie haben einen besessen und liebäugeln nun wieder mit der Anschaffung eines treuen Begleiters. Sie haben wahrscheinlich auch schon entschieden, welcher Beschäftigung Sie mit ihm nachgehen wollen. Also ist auch klar, welche Rasse Sie sich zulegen wollen. Den Ferrari unter den Erfolgreichen natürlich! Sie wollen doch nicht mit einem Dreirad an einem Formel 1 Rennen teilnehmen?

Nun frage ich Sie: Erfolg hin oder her. Werden Sie glücklich mit dieser Rasse? Auch wenn der Hund nach ein paar Monaten doch kein Ferrari sein will, und nichts mit Laufen, Springen oder Suchen zu tun haben will? Oder sein Fahrgestell nicht mehr mithalten will und der Hund dementsprechend nicht belastet werden darf? Haben Sie einen »Plan B«?

Sollen Sie sich, weil Sie mit Ihrem Hund gerne Agility machen möchten, gleich einen Border Collie anschaffen? Oder gleich einen Malinois, weil Sie sich für das Schutzdiensttraining interessieren? Werden Sie diesem Hund auch an den trainingsfreien Tagen gerecht? Können Sie mit seinen Trieben und Instinkten umgehen und leben? Oder sind alle Familienmitglieder mit einem Malinois einverstanden und können mit dessen

Temperament und seiner Kraft auch umgehen? Oder hatte Ihr Partner schon mit dem Vorgängerhund Rangordnungsprobleme? Sind die Lebensumstände passend oder befinden Sie sich momentan in glücklichen Umständen und die Flegelzeit des Hundes wird mit der Krabbelzeit Ihres Kindes zusammenfallen?

Lassen Sie sich von Ihrem Umfeld mitberaten. Ich kenne es selbst von mir, dass ich doch ab und an manche Dinge nicht wahrhaben will oder verdränge. Freunde, die ehrlich und sachverständig sind, werden Sie bestimmt gut und gerne beraten. Von außen sieht die Situation vielleicht doch etwas anders aus. Wenn Sie und alle Ihnen nahestehenden Personen eindeutig »JA« sagen können und zudem die Wohn- und Lebenssituation dafür geeignet ist, dann gratuliere ich Ihnen zu Ihrem Entscheid. Ich sehe mich als Anwältin der »Arbeiterklasse« unter den Hunden. Für einen in einer Arbeitslinie gezüchteten Hund gibt es nichts Schlimmeres als Arbeitslosigkeit!

Soll Ihr Hund ein Diensthund werden, dann haben Sie mit der Leitung der Hundestaffel respektive Diensthundegruppe bestimmt schon die Frage nach der richtigen Rasse Ihres zukünftigen Dienstkollegen abschließend geklärt. Verlassen Sie sich auf die Meinung Ihrer erfahrenen Dienstkollegen und Vorgesetzten – so werden Sie mit Ihrem Hund ein gutes Team bilden.

Die ersten Wochen des Aufwachsens sind für die Zukunft entscheidend. Malinoishündin mit ihrem Nachwuchs.

2.2. Wo finde ich meinen ganz speziellen Hund?

Sie haben gegenüber vielen anderen Hundebesitzern einen großen Vorteil: Da Sie spätestens jetzt in der »Szene« Ihres zukünftigen Betätigungsfeldes Kontakte geknüpft haben oder sich schon längst darin auskennen, haben Sie die Möglichkeit, unzählige Zuchthunde zu beobachten. Überprüfen Sie deren Eignung, Gesundheit und Potenzial. Generell rate ich dazu – wenn irgendwie möglich – einen Hund aus einer Wurfwiederholung (gleiche Elternpaarung) auszusuchen, falls der Sport respektive Diensteinsatz bei der Anschaffung des Hundes einen hohen Stellenwert haben oder sogar das Hauptkriterium sein soll. Die Wahrscheinlichkeit, eine Enttäuschung zu erleben, sinkt dadurch um ein Vielfaches. Insbesondere im Diensthundewesen spielen auch finanzielle Faktoren mit. Es ist nicht zu unterschätzen, welche Kosten bei einem »Fehlkauf« entstehen. Ganz zu schweigen von der Frustration des Hundes und Hundeführers, die es unbedingt zu vermeiden gilt.

Die Allermeisten würden gerne einen Welpen zu sich nehmen, aber Achtung: Das Beurteilen des Wesens, des Körperbaus, der Gesundheit und der Endgröße sind stark eingeschränkt. Im Diensthundewesen empfehle ich, besser einen Hund im Alter zwischen sechs und vierzehn Monaten aufzunehmen. Solche Hunde finden Sie in der Regel bei seriösen Züchtern. Oft behalten diese ein bis zwei Welpen, um zu einem späteren Zeitpunkt zu entscheiden, welchen Nachkommen sie zur Zucht behalten wollen. Ein anderes Beispiel sind Hunde, welche vom Züchter zurückgenommen wurden, da sich in der neuen Besitzerfamilie erst später herausstellt, dass zum Beispiel eine Hundehaarallergie eines Familienmitgliedes das Halten eines Hundes unmöglich macht. Auch können sich familiäre Umstände ändern, von denen auch die Situation des Hundes betroffen sein kann. Dies kann dazu führen, dass immer wieder Junghunde einen neuen Platz bei erfahrenen Hundeführern suchen.

Sie können mit dem Züchter oder dem Vorbesitzer Abmachungen treffen und Bedingungen stellen. Wie zum Beispiel, dass der Hund zuerst bei einem spezialisierten Tierarzt zur Ankaufsuntersuchung vorgeführt wird. Dieser wird eine komplette klinische Untersuchung vornehmen, Winkelung und Bemuskelung messen und beurteilen. Ein Belastungstest kann nach Absprache ebenfalls durchgeführt werden. Solch eine gründliche Ankaufsuntersuchung dauert etwa zwei Stunden. Die Kosten, welche so gering wie möglich gehalten werden sollten, werden nach Absprache entweder geteilt oder der Züchter übernimmt diese, falls der Hund nicht gekauft wird. Falls es zum Verkauf des Hundes kommt, werden diese Kosten in der Regel vom zukünftigen Hundebesitzer übernommen. Die Ausgabe lohnt sich auf alle Fälle.

Eine anregende, aber saubere und sichere Umgebung ist in der Prägungszeit wichtig. Malinoiswelpen beim Angewöhnen an feste Nahrung.

Meine Ankaufsuntersuchungen in der Praxis und auf dem Feld beinhalten unter anderem:

- Mikrochip ablesen (Identifikation überprüfen)

- Komplette klinische Untersuchung:
  - Bewusstsein
  - Haltung und Stellung
  - Gang
  - Haut und Fell
  - Augen (Bindehaut, Hornhaut, Sklera, Linse, Netzhaut, Sehkraft beurteilen)
  - Ohren
  - Nase
  - Maulhöhle, Rachen, Zähne
  - Bauch abtasten
  - Herz abhören, Puls fühlen
  - Blutdruck messen
  - Gesäuge und Scheide / Prostata und Hoden
  - Alle Gelenke abtasten und in Biegungs-/ Beugungs-/ Drehbelastung bringen
  - Pfoten: Krallen und Krallenbett, Ballenqualität

- Überprüfen des Impfstatus und eventueller Entwurmungen

- Ausmessen der Bemuskelung und Winkelung der Gelenke der Vorder- und Hintergliedmaße, insbesondere achten wir auf Symmetrie

- Biomechanische Beurteilung

- Stammbaumanalyse

- Leistungsanalyse der Elterntiere oder eventueller Geschwister

- Röntgenaufnahmen je nach Vorgeschichte respektive Fragestellung; mindestens Hüfte, Ellenbogen und Wirbelsäule

- Wesensbeurteilung

- Beobachten in Stresssituation inklusive Erholungsphase nach Stressbelastung. Schon die Untersuchung selbst stellt eine solche Situation für den Hund dar.

- Belastungstest: meist auf dem Laufband, genormt; mit Pulsmessungen, EKG, Blutdruckmessungen, neurologische Untersuchungen, eventuell sogar Herzultraschall, je nach Fragestellung.

- Je nach Einsatzgebiet und Ausbildungsstand: Eignungstest und oder Einsatztest, Probetraining

- Anforderung der Krankengeschichte beim Tierarzt, der den Hund bisher betreut hat. Die Krankengeschichte liefert oft Informationen, aus denen der Grund für die Abgabe des Tieres nachvollzogen werden kann.

Jeder Züchter ist stolz auf seine Zucht und wird Ihnen als aktivem und interessiertem Hundesportler oder Diensthundeführer mit Freude einen seiner Hunde abgeben. Es ist in *seinem* Interesse, dass Sie und Ihr neuer Hund ein gutes Team werden. Dies ist seine beste Werbung. Sie müssen keinesfalls »froh« sein, wenn Sie einen Hund aus dem Wurf auswählen dürfen. Gehen Sie aus solch einer Situation nie Verträge oder Kompromisse ein, denen Sie unter anderen Umständen nie zustimmen würden.

Meiner Erfahrung nach sind für erfahrene Hundeführer häufig Hunde geeignet, welche aus einer Überforderung heraus direkt von privater Hand abzugeben sind. Mit diesen Hunden wurde meist noch nicht viel gearbeitet und sie sind noch recht »roh«. Oft konnten sie deshalb bei den Vorbesitzern stark werden und haben ein großes Selbstbewusstsein.

Für den Sport- und Diensthund ist dies viel besser, als wenn er durch Druck beim Vorbesitzer »klein« gemacht wurde. Vielleicht wurden ihm dort auch keine oder zu wenig Grenzen gesetzt. Die an dieser Stelle aufgetretenen Probleme müssen unbedingt diskutiert und analysiert werden.

Es ist zu vermeiden, dass es zu Vorfällen kommt, weil man auf Situationen nicht vorbereitet war. Der neue Hundebesitzer muss von der ersten Minute an souverän und bewusst mit der bestehenden Problematik umgehen, wenn eine Besserung eintreten soll.

Egal, für welchen Weg Sie sich entscheiden, eines ist klar: Ein seriöser Züchter wird schnell erkannt. Es herrschen saubere Umstände, Sie werden herzlich und offen empfangen, der Züchter kann und möchte Mutterhündin und Geschwister zeigen, züchtet in der Regel eine Rasse, ausnahmsweise höchstens zwei Rassen. Zudem gibt er Ihnen gerne Besitzer von Hunden aus vorangegangenen Würfen an. Dort können Sie nachfragen, ein Treffen vereinbaren und eventuell Ihren zukünftigen Hund »in Großausgabe« kennenlernen.

Ein ganzer Wurf Malinoiswelpen aus einer bekannten Leistungslinie: So ähnlich, und doch hat jeder seinen eigenen Charakter!

Ein seriöser Züchter lässt Sie mehrfach zu Besuch kommen, bevor er Ihnen einen seiner Hunde abgibt.

Ebenso möchte ich aber auch die Züchter darin bestärken, nur geeigneten Hundeführern Hunde abzugeben. Zweifelt ein Züchter an der Eignung des Interessenten, muss er seine Bedenken äußern und das Gespräch suchen. Vielleicht kann er im Käufer etwas bewegen und tatsächlich ein Überdenken auslösen. Züchter haben in der Regel viel Erfahrung darin, die Eignung einer Person als Hundehalter einzuschätzen. Manchmal reicht einfach ein ungutes Bauchgefühl, auf das man hören und nachfragen sollte. Es werden beide Seiten davon profitieren. Auch kennt niemand die Welpen so gut wie der Züchter. Lassen Sie sich von ihm beraten, wenn er Ihnen zu einem speziellen Individuum rät. Fragen Sie ihn nach seinen Beweggründen.

Ein guter Interessent gibt dem Züchter gerne Auskunft, wer den Hund während seiner Arbeitstätigkeit betreuen wird, wie er untergebracht sein wird, wer sich während der Ferien seiner annimmt und nicht zuletzt, wo und was trainiert werden soll.

Als seriöser Käufer sind Sie interessiert an der Hundehaltung und Zwingeranlage des Züchters, an der ganzen Hundeverwandtschaft, an der Geschichte der Mutterhündin und des Vaterrüden, an den Erfolgen der Elterntiere, an der Linienzucht respektive dem Inzuchtgrad. Ein guter erfahrener Züchter wird innerhalb von Sekunden die Art und den Umgang des Interessenten mit Hunden erkennen und beurteilen. Gefällt ihm nicht, was er sieht, wird er Abstand von diesem Käufer nehmen.

2.3. Inzucht / Linienzucht

Die Definition Linienzucht / Inzucht ist »eine Verpaarung von Tieren, die näher miteinander verwandt sind als der Durchschnitt der Rasse«.

Zur Berechnung des Inzuchtgrades:

Die Formel zur Errechnung des Inzuchtkoeffizienten lautet:

$0{,}5^{n1 + n2 + 1}$

n1 = Anzahl Generationen vom Vater zum gemeinsamen Vorfahren

n2 = Anzahl Generationen von der Mutter zum gemeinsamen Vorfahren

Wollen Sie also den Inzuchtgrad für einen Hund (oder eine mögliche Paarung) ausrechnen, müssen Sie für jeden gemeinsamen Ahnen diese Formel ausfüllen und dann alle Werte, die Sie berechnet haben, zusammenzählen.

Fangen wir mal mit einem einfachen Beispiel an: Sie wollen die Hündin A mit dem Rüden B verkuppeln. Wie lautet der Inzuchtfaktor für die Welpen? Dazu betrachten Sie grundsätzlich zuallererst die Ahnentafeln der Hunde – wenn möglich auf fünf Generationen.

1. die beiden Eltern: A und B
2. die vier Großeltern
3. die acht Urgroßeltern
4. die sechzehn Ururgroßeltern
5. die zweiunddreißig Urururgroßeltern.

Nehmen wir an, A und B hätten beide C als gemeinsame Großmutter, ansonsten aber keine gemeinsamen Ahnen. Dann müssten Sie erst einmal überlegen, wie denn n1 (die Zahl der Generationen vom Vater zum gemeinsamen Vorfahren) lautet. Also von Rüde B (Vater in unserer Planung) bis zu C (seiner Großmutter) sind es 2 Generationen; n1 ist also 2. Nun kommt n2 an die Reihe, das ist die Anzahl Generationen von der Hündin A zu deren Großmutter C, also auch 2; n2 ist ebenfalls 2.

Jetzt müssen wir diese Werte in die Formel einsetzen: $0{,}5^{2+2+1}$. Das Ergebnis lautet: 0,03125 oder in Prozenten ausgedrückt: 3,125%

Bestehen zwei gemeinsame Vorfahren, werden diese einzeln berechnet und am Schluss zusammengerechnet.

Der Inzuchtkoeffizient beträgt also bei einem gemeinsamen Ahnen in der

- zweiten Generation 0,125 (12,5%)
- dritten Generation 0,0625 (6,25%)
- vierten Generation 0,03125 (3,13% aufgerundet)
- fünften Generation 0,015625 (1,56%)
- sechsten Generation 0,0078125 (0,78%)
- siebten Generation 0,0039062 (0,39%)
- achten Generation 0,0019531 (0,20% aufgerundet).

Es gibt keine feste Größe, ab der man eine Gefahr für liniengezüchtete Hunde angeben kann. Die Gefahren der Inzucht können durch das Zuchtziel Langlebigkeit, Zähigkeit und Vitalität verringert werden. Das heißt, dass es Hunde geben wird, bei denen sich auch bei einem Inzuchtgrad von über 20% noch nichts Negatives bemerkbar macht, auf der anderen Seite kann es auch bei unter 10% schon zu ersten Anzeichen kommen.

Die sogenannte Inzestzucht ist die Geschwisterpaarung und Vater-Tochter- bzw. Mutter-Sohn-Paarung. Sie ist heute wegen des hohen Risikos unerwünschter Folgen von den Rasseclubs her grundsätzlich nicht mehr erlaubt. Früher wurden solche Inzestpaarungen gemacht, um herauszufinden, was ein Hund genau vererbt. Dies nannte man damals »Testpaarungen«.

Die Merkmale eines Hundes liegen durch Inzucht vermehrt reinerbig vor, einfach da beide Eltern überdurchschnittlich viele gleiche Gene haben. Wenn die Eltern selbst bereits ingezüchtet bzw. liniengezüchtet sind, verstärkt sich der Effekt. Ab einem relativ hohen Inzuchtgrad können aufgrund der erhöhten Reinerbigkeit die Widerstandsfähigkeit und die Fruchtbarkeit zurückgehen. Meist bleiben die Hunde in ihrer Statur etwas kleiner.

Ausnahmen bestätigen die Regel: Wenn von Anfang an konsequent auf Vitalität und Gesundheit gezüchtet wurde, können auch Hunde mit sehr hohem Inzuchtgrad von über 30% oder 40% sehr gesund sein.

Leider gibt es wenig Anhaltspunkte für den maximalen, noch akzeptablen Inzuchtgrad. – Generell wird angenommen, dass eine tatsächliche Inzuchtdepression erst bei über 20% einsetzt.

Zu dem errechneten Inzuchtgrad einer Paarung kommt allerdings immer noch der rassespezifische Inzuchtgrad hinzu. Dieser liegt in der Regel zwischen 4% (große Population) und 10% (kleine Population). Dieser in jeder Hunderasse vorhandene Inzuchtgrad ist für die rassetypischen Merkmale verantwortlich. Normalerweise fließt er in die Berechnung des Inzuchtgrades nicht mit ein.

2.4. Die sind ja alle so süß! – Welcher soll es aber nun sein?

Sie sind also angekommen. Bei Ihrer Wunschrasse, bei Ihrem Wunschzüchter, stehen am Rande der Spielwiese und bewundern die Lebendigkeit des einen, den Mut des anderen und die Schönheit des dritten Welpen. Einfach haben Sie es, wenn nur einer in Frage kommt. Wenn Sie zum Beispiel unbedingt einen Rüden haben wollen und es im Wurf nur einen Rüden gibt oder wenn Sie ganz sicher sind, dass Sie sich in den richtigen spontan verliebt haben. Nun haben Sie vielleicht aber die Qual der Wahl? Worauf können Sie nebst Bauchgefühl achten?

Airedalewelpen eines ganzen Wurfes aus einer Arbeitslinie. Schon früh entwickeln sich die Hunde unterschiedlich. Die Auswahl des richtigen Welpen fällt nicht immer leicht.

Lassen Sie sich im Welpenrudel von einer Drittperson filmen. Machen Sie Fotos und Videoaufnahmen und schauen Sie sich diese in Ruhe noch einmal an – alleine oder mit einer Fachperson, wenn diese nicht mit in den Zwinger kommen kann. Überlegen Sie sich vorher genau, was Sie wollen und brauchen. Brauchen Sie einen mutigen Draufgänger oder vielleicht einfach einen Wirbelwind? Oder sind Sie schon selbst genug aktiv und brauchen eher einen ruhigen Pol? Stellen Sie sich im Vorfeld Fragen zusammen, welche Sie zum Charakter der einzelnen Welpen beantwortet haben wollen. Beschreiben Sie dem Züchter Ihre Bedürfnisse und lassen Sie sich von ihm bei der Entscheidungsfindung unterstützen. Besuchen Sie die Welpen mehrere Male und versuchen Sie, den Entscheid so lange wie möglich hinauszuzögern. Sie werden schon beim zweiten Besuch merken: Ein Welpe, der beim ersten Mal ruhig und stoisch war, gibt diesmal keine Ruhe und tyrannisiert seine Geschwister. Vielleicht war er das letzte Mal einfach nur müde oder satt gefressen – oder er ist diesmal ungewöhnlich aufgedreht. Vielleicht ist auch der Züchter bereit, Ihnen Aufnahmen aus dem ganz normalen Alltag zukommen zu lassen?

Mir persönlich sind folgende Punkte wichtig, die unbedingt geklärt sein müssen, soll der Hund später als Sport- oder Diensthund zum Einsatz kommen:

- Wie schnell erholt sich ein Individuum nach einer ungewohnten Situation aus seiner Stresslage?
- Wie offen kommt ein Welpe auf mich und ihm bisher unbekannte Personen zu?
- Wie offen reagiert er auf unbekannte Gegenstände und plötzlich auftretende Lärmquellen?
- Wie gut reagiert er auf Futter und Spielreize?
- Wie intensiv setzt er seine Nase bei der Futtersuche ein?
- Wie bewegungsfreudig zeigt er sich?
- Spielt der Welpe sich als Boss auf oder unterwirft er sich dem ganzen Rudel?

Zum Beispiel ist für einen späteren Dienst- oder Schutzhund sehr wichtig, wie offen sich der Welpe zeigt. Er soll unerschrocken reagieren. Die Triebigkeit lässt sich am besten daran beurteilen, wie gut er auf optische Reize reagiert. Generell sollte er schnell und unverzüglich Reaktionen zeigen.

Erkundigen Sie sich bitte beim Züchter, wann er die Welpen füttert. Testen Sie die Schützlinge nicht direkt nach der Futteraufnahme. Nehmen Sie die Welpen einzeln aus dem Wurf und lassen Sie jeden die Umgebung erkunden. Ist er interessiert? Zeigt er sich offen und versucht Lösungswege zu finden, wenn Sie zum Beispiel Futter jenseits eines gerade noch passierbaren Hindernisses deponieren, oder lässt das Interesse schnell nach? Die Ausdauer ist eine Eigenschaft, die Sie schnell und leicht auf diese Art und Weise testen können. Die Frustrationstoleranz ist eine äußerst wichtige Eigenschaft!

Die Ausgeglichenheit sollte aber dennoch gewährleistet sein. Fällt der Welpe in Stress, sodass er nicht mehr klar denken kann und nur noch kläffend dasteht. Dann wird er höchstwahrscheinlich auch später schnell kippen und nicht genügend belastbar sein.

Wie schnell sich ein Hund aus dem Stress heraus wieder erholt, ist für jeden Hund, egal welchen Sport oder Dienst Sie mit ihm machen wollen, von größter Bedeutung.

Wie schnell überwindet der Welpe die kurzfristige Trennung von seinen Geschwistern? Testen Sie die Welpen einzeln, aber immer nach dem gleichen Schema. Sie werden erstaunt sein, wie schnell Sie Unterschiede feststellen können.

Fragen Sie zum Beispiel beim Züchter, ob Sie während einer Zwischenuntersuchung durch den Tierarzt dabei sein können. Bei dieser oder bei der Erstimpfung und dem Setzen des Mikrochips können Sie sehr gut »von außen« eine Situation beobachten und sehen, wie gut die Zwerge auf diese Fremdperson reagieren und wie sie damit umgehen, festgehalten zu werden. Diese Situation ist meist sehr aufschlussreich. Sind Sie sich nicht sicher genug, vereinbaren Sie einen erneuten Termin, beurteilen Sie die Kleinen nochmals und nehmen Sie unbedingt jemand Erfahrenen mit, der Ihnen vielleicht mit etwas mehr Distanz noch eine andere Meinung abgeben kann.

Malinoiswelpe auf instabilem Untergrund. Bei der Ankaufsuntersuchung sollen die Welpen einzeln und in der Gruppe in bestimmten Situationen beobachtet und beurteilt werden.

Die folgende Tabelle zur Welpenbeurteilung erleichtert Ihnen die Bewertung verschiedener Kandidaten.

	Welpe A	Welpe B	Welpe C	usw.
Offenheit / Reaktion auf Bezugsperson				
Reaktion auf fremde Personen				
Reaktion auf fremde Gegenstände				
Reaktion in ungewohnter Umgebung				
Spiel mit Personen				
Spiel mit Artgenossen				
Mut / Unerschrockenheit				
Nahrungstrieb				
Spieltrieb				
Stressreaktion				
Erholen aus Stressreaktion				
Aktivitätsgrad				
Sozialkontakt zu Geschwistern				
Sozialkontakt zu erwachsenen Artgenossen				
Geschicklichkeit / Körpergefühl				
Evtl. Griff / Anbiss / Naseneinsatz etc.				

Beurteilen Sie jeden Welpen, der für Sie in Frage kommt, anhand obenstehender Tabelle, benutzen Sie eine Skala von 0 (gar nicht vorhanden) bis 10 (absolut zufriedenstellend), zählen Sie die Punkte zusammen und erstellen Sie eine Rangliste.

Variationsmöglichkeit: Multiplizieren Sie die für Sie wichtigen Punkte mit zwei.

Wenn Sie diesen Leitfaden studieren, hinterfragen und mit Ihren praktischen Erfahrungen vergleichen, aber auch offen sind für Inputs von Ihrem Umfeld und vom Züchter, dann haben Sie schon viel dafür getan, dass aus Ihrem Hund ein geeigneter Sport-und Dienstkollege wird.

3 Wie Ihr Zwerg zum gesunden Sportler wird

Welpe, Junghund und Adult – drei Malinois unterschiedlichen Ausbildungsstandes derselben Polizeihundestaffel.

Nun haben Sie Ihren Rohdiamanten zu Hause und möchten am liebsten gleich loslegen. Geben Sie ihm Zeit, sich einzugewöhnen und Sicherheit zu gewinnen. Zeigen Sie ihm sein neues Umfeld, und behandeln Sie ihn geradlinig, aber fair. Für die ganz normale Welpeneingewöhnung existiert gute Literatur. Sie können sich auch an Fachpersonen wenden, wenn Sie Unterstützung brauchen.

Ich empfehle Ihnen, den Welpen nach ein paar Tagen auf sein künftiges Trainingsfeld mitzunehmen. Zeigen Sie ihm das Umfeld, das Ihnen und Ihrem Zwerg in Zukunft nebst dem Zuhause das wichtigste sein wird. Machen Sie ihn mit zukünftigen Trainern, Trainingsgeräten und Übungsplätzen bekannt, ohne gleich zu viel zu wollen. Lassen Sie ihn dem Training der »Großen« zuschauen. Es geht lediglich darum, dass eine positive Verknüpfung entstehen kann. Lassen Sie es ihm dort gut gehen. Spielen Sie mit ihm, toben Sie ausgelassen herum. Ist es organisierbar, machen Sie diese Ausflüge täglich und kümmern sich dort so intensiv um Ihren neuen Schatz wie sonst nie. Er soll die Verbindung herstellen: »Übungsplatz und Trainingsgelände – das Beste, was es gibt!«

Die Altersabschnitte eines Hundes können wie folgt definiert werden:

Welpe	1. – 16. Lebenswoche
Junghund	17. Lebenswoche bis 12 Monate
Jungadult	12 Monate bis 18 Monate
Adult	älter als 18 Monate

Nach etwa zwei Wochen können Sie schon mit dem koordinativen Training beginnen: Lassen Sie Ihren Hund über Gegenstände und ebene Hindernisse tapsen. Lassen Sie ihn, von Ihnen gesichert, balancieren. Versuchen Sie ihm beizubringen, rückwärts zu gehen. Machen Sie mit ihm kleine Wettrennen in unterschiedlichen Tempi und mit vielen Richtungsänderungen. Füttern Sie ihn zum Beispiel auf einer ganz dicken Schaumstoffmatte aus der Hand. Er wird balancieren müssen, so ähnlich wie wir, wenn wir uns auf einem Trampolin bewegen. Auch ein künftiger Diensthund oder Schutzhund, oder gerade dieser, wird Ihnen diesen Aufwand danken. Mehr dazu lesen Sie im Kapitel 4 »Der Sportler wird trainiert«. Übertreiben Sie es aber nicht, denn dieses Kapitel heißt: »Wie Ihr Zwerg zum gesunden Sportler wird« und nicht: »Wie Ihr Zwerg schnellstmöglich ausgebrannt ist oder verbraucht wird«... Wie Sie Überforderung erkennen und vermeiden, lesen Sie in Kapitel 3.4.

Definition Koordination in der Physiologie und Sportmedizin:
Die Nerven und Muskelgruppen arbeiten aufeinander abgestimmt und ermöglichen so dem Individuum, auch komplexe Bewegungen harmonisch und effizient auszuführen.

Ein großer Teil der Gesunderhaltung Ihres Hundes steht und fällt mit einem guten Aufbau der koordinativen Fähigkeiten. Die Wahrscheinlichkeit einer Sportverletzung oder von Abnutzungserscheinungen sinkt proportional zu der Möglichkeit des Hundes, Belastungen abzufangen und auszugleichen. Wenn Sie also Ihrem Welpen oder Junghund schon früh die Gelegenheit zum Abstimmen seiner Bewegungen bieten, werden Sie sehr wahrscheinlich lange eine gesunde Sportbegleitung in ihm finden. Zwar würde ich nicht nur nach dem Motto: «Was Hänschen nicht lernt, lernt Hans nimmermehr« handeln, aber Sie machen sich den Weg um einiges einfacher und leichter begehbar, wenn Sie schon mit Ihrem ganz kleinen Hund gewisse Übungen durchlaufen.

Ein Norfolk Terrier Welpe während einer seiner ersten Koordinationsübungen: Balancieren über ein breites Brett. Es geht darum, ihm Sicherheit und Spaß zu vermitteln und das Training mit positiven Erfahrungen zu verknüpfen.

Ein Springer Spaniel Welpe balanciert über einen Baumstamm. Auch im Alltag lassen sich mit Leichtigkeit verschiedene Übungen einbauen.

Dieses frühe und gezielte Training wird Ihren Hund auch mental stärken. Wenn Sie es unterhaltsam und spielerisch gestalten, beginnt der kleine Champ zu entdecken, wie schön Arbeit sein kann. Zwar kann später vieles nachgeholt werden, aber man wird kaum ans gleiche Ziel gelangen.

Die koordinativen Fähigkeiten sind analog zum Menschen nicht unbeschränkt trainierbar. Bis zu einem Alter von sieben bis acht Monaten steht diese Schublade weit offen und kann leicht gefüllt werden. Danach geht sie immer mehr zu und es wird immer schwieriger, sie zu füllen. Bevor ich Ihnen die Anleitungen und ein paar Beispiele gebe, möchte ich Sie darauf aufmerksam machen, dass dies zwar Übungen für spätere Ernstfälle sind, aber sie sollen dem Kleinen Spaß machen. Gestalten Sie sie spielerisch, üben Sie keinen Druck aus und gehen Sie auf seine Tagesform ein. Es ist normal, dass es Tage gibt, an denen sich das Zwerglein nicht konzentrieren kann oder will. Sehen Sie sein zartes Alter. Sehen Sie die Übungen als Chance ihm zu zeigen, dass Arbeit Spaß macht und dass er sich auf Sie verlassen kann!

Malinoiswelpe im freien Spiel. Diese Momente sind für seine gesunde Entwicklung mindestens so wichtig wie die Trainingssequenzen. Lassen Sie ihm genügend Zeit für unbeschwertes Spielen.

Einige Vorschläge für das Koordinationstraining mit Welpen und Junghunden

Erste einfache Übungen:

- Balancieren: Lassen Sie den Welpen mehrmals täglich (zum Beispiel als Weg zu einer Futterquelle) über ein Hindernis balancieren. Anfänglich wird das zum Beispiel ein breiteres Brett sein (etwa 20 cm). Später wird dieses dann immer schmaler. Im Alter von 20 Wochen kann dieses dann zehn Zentimeter schmal sein. Die Höhe ist so zu wählen, dass der Welpe sich bei einem Misstritt nicht verletzen kann. Zehn Zentimeter Höhe reichen bei weitem! Zum Unterlegen eignen sich einfache Bücherstapel (diese müssen aber stabil verzurrt sein!). Achten Sie darauf, dass das Holz gut geschliffen ist und sich der Hund keine Holzsplitter in seine noch so weichen Ballen eintreten kann.

- Ausgleichen / Stabilisieren: Ein Brett (je nach Größe des Hundes – etwa doppelte Länge und vierfache Breite des Welpen) wird auf vier etwa zur Hälfte aufgeblasene Wasserbälle gelegt. Der Welpe lernt hinauf- und herabzusteigen. Stabilisieren Sie das Brett anfänglich damit, dass Sie es in einer Ecke aufstellen. Später kann das Konstrukt dann mitten in den Raum gestellt werden. Die Schwierigkeit lässt sich auch damit steigern, dass Sie die Wasserbälle zum Teil gleich stark, zum Teil ungleich weiter aufblasen.

- Rückwärts gehen: Versuchen Sie den Kleinen zum Rückwärtslaufen zu animieren. Am einfachsten geht das, wenn Sie ihn in eine »Gasse« bringen, in welcher er vor- und zurückgehen kann. Loben Sie ihn ausgiebig für jeden einzelnen Schritt, den er rückwärts macht und bringen Sie ihm so auch gleich ein Kommando (zum Beispiel »back«) dafür bei.

- Stabilisierungsübung: Füttern Sie Ihren Neuankömmling aus der Hand, während er auf einer dicken und sehr weichen Schaumstoffmatte steht. Verknüpfen Sie dann sogleich das Kommando »Steh« damit. Hat er dies begriffen, können Sie ihm durch Kopfbewegungen (durch Ihre Futterhand geführt) abverlangen, im Stand Ausgleichbewegungen des ganzen Körpers zu absolvieren.

- Treppen: Lassen Sie ihn (in gesundem Maß!) langsam und geführt hinauf- und hinuntergehen. Entweder nehmen Sie ihn dazu schon an die Leine oder Sie führen ihn mit der Futterhand. Lassen Sie ihn mitten auf der Treppe mehrmals wenden.

- Bodenarbeit: Lassen Sie den Welpen über sogenannte »Schwimmnoodles« aus Schaumstoff (in jedem größeren Sportfachgeschäft erhältlich) steigen. Die Abstände variieren, mit der Zeit können einzelne auch mal überkreuzt »im Weg« liegen.

Ein angehender Diensthund lernt hier mit »Schwimmnoodles«, seine Beine zu kontrollieren und Hindernisse abzuschätzen (Aufbau des dreidimensionalen Sehens mit Umsetzung in den Bewegungsablauf). Für die richtige Belohnung ist er mit großem Eifer dabei.

Weitere Übungen (nach etwa vier Wochen):

- Ihr Welpe ist mittlerweile schon geschickt im Balancieren. Kann er nun zudem auch schon gut und gerne rückwärts laufen, können Sie die Übungen jetzt verbinden: Rückwärtsbalancieren. Denken Sie daran, wie schwierig dies für uns ist. Haben Sie Geduld und überfordern Sie ihn nicht. Jeder einzelne Schritt ist ein großer Erfolg!

- Fixieren Sie einen Gymnastikball in einer Zimmerecke mit Ihren Knien. Stellen Sie den Welpen darauf. Ist er dies gewohnt, können Sie dem Ball etwas mehr Raum und Bewegungsmöglichkeiten geben.

- Auf dem Wackelbrett mit den Wasserbällen steht er nun sicher. Dann darf eine Hilfsperson kleine Verschiebebewegungen des Brettes ausführen. Sie sichern den Welpen und achten darauf, dass er stehen bleibt und seine Belohnung rechtzeitig erhält.

- Auf der Treppe ist der Welpe nun auch schon sehr geschickt. Jetzt kommt die hohe Schule des Treppensteigens: Rückwärtssteigen! Auch hinunter kann Ihr Hund rückwärts gehen. Innerhalb weniger Tage wird er das System begriffen haben und seine Aufgabe immer souveräner lösen. Nutzen Sie seinen Drang, Spaß zu haben und nachzudenken. Er wird begeistert mitmachen.

- Drehstuhl (zum Beispiel drehbarer Sitzhocker oder Bürostuhl): Stellen Sie Ihren Hund darauf und beginnen Sie den Stuhl langsam zu drehen. Er soll Ihnen den Kopf stets zugewandt haben und fortlaufend mit seinen Beinen Ausgleichsschritte ausführen. Am besten machen Sie diese Übung auch mit einer Hilfsperson und Sie selbst sind beim Kopf und können ihn für seine Korrekturbewegungen loben und bestätigen.

- Bodenarbeit: Lassen Sie ein paar der »Schwimmnoodles« mikadogleich fallen – lassen Sie nun Ihren Hund kreuz und quer darüber steigen. Die Anlage kann immer komplexer gestaltet werden. Sie werden sehen, wie er immer bewusster seine vier Beine einsetzt.

Übung »Drehstuhl«: Sie verlangt dem Hund eine große Körperkontrolle ab und schult ihn in seinen koordinativen Fähigkeiten.

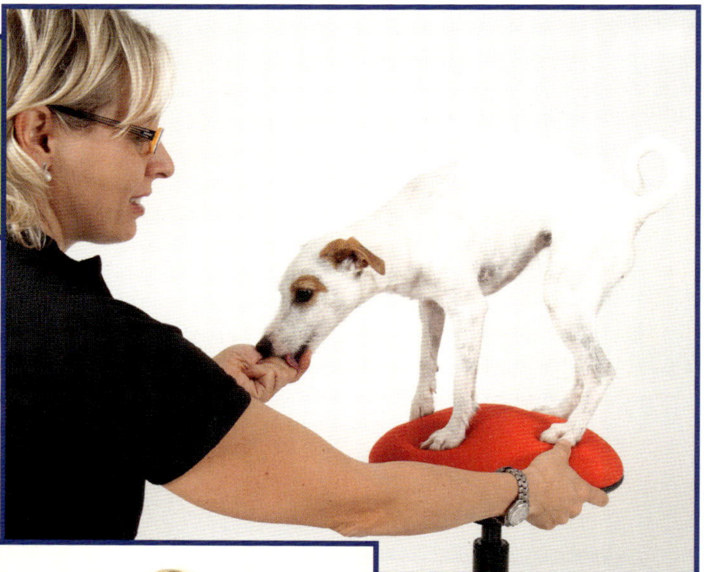

Übung »Brett auf Wasserbällen«: So lernt Ihr Hund spielerisch, den instabilen Untergrund auszugleichen.

Die Hohe Schule (meist ab acht bis neun Monaten):

- Ihr Hund springt selbständig auf den Gymnastikball und kann vorwärts und rückwärts darauf gehen.
- Ihr Hund läuft zügig die Treppe rückwärts hinauf und hinunter.
- Ihr Hund kann sich auf einem Drehstuhl selbständig in beide Richtungen um die Achse drehen.
- Ihr Hund kann auf eine Hängematte springen und die daraus entstehende Bewegung abfangen und ausgleichen.

Die Hohe Schule des Koordinationstrainings: Balancieren auf dem Gymnastikball. Border Collie »Hype« wurde seit dem Welpenalter daran gewöhnt und zeigt sich im Agility außerordentlich koordiniert und wendig.

Die Übung »Hängematte« kann nicht nur im Junghundealter eingesetzt werden. Sie eignet sich auch als Übung in der Rehabilitationsphase. Hier Tervuerenrüde »Dinan« nach einer Bandscheibenoperation im Aufbau für den Wiedereinstieg in den Sport.

Diese Übungen können mit etwas Fantasie in diversen Variationen ausgeführt werden. Achten Sie darauf, Ihren Hund nie zu überfordern. Vielleicht denken Sie nun auch, dass Sie ja eigentlich einen Sporthund und keinen Zirkushund haben möchten. Rufen Sie sich ins Gedächtnis, wie viel ein Profisportler in seinen jungen Jahren wohl trainieren muss, um an diese nahezu perfekten koordinativen Fähigkeiten heranzukommen.

3.1. Kindergarten

Ich setze einmal voraus, dass Sie mit Ihrem Hund eine Welpenspielstunde besuchen. Wahrscheinlich danach auch einen Junghundekurs. Die Wichtigkeit solcher Stunden lässt sich nicht von der Hand weisen.

Der Besuch einer Welpenspielstunde ist für die Entwicklung einer guten Sozialkompetenz unerlässlich.

Der soziale Aspekt lässt sich durch noch so viele Jahre Hundeerfahrung des Hundeführers nicht wettmachen. Ihr Hund gehört in den Kindergarten. Vielleicht finden Sie eine kleine Gruppe in Ihrem Verein oder in Ihrer Umgebung, mit der Sie die oben erwähnten Übungen zusammen machen wollen? Für ganz viele Sportarten ist es von großem Vorteil oder sogar unabdingbar, dass Ihr Hund ein gutes Sozialverhalten mit seinen Artgenossen einstudieren kann. Der ganze Alltag gestaltet sich mit einem sozial verträglichen Hund um einiges einfacher. Auch hier verweise ich gerne auf basisorientierte Hundebücher, welche sich damit eingehender beschäftigen.

3.2. Er hat Hunger! – Fütterung im Baby- und Juniorenalter

Der Züchter hat Ihnen bestimmt *das* beste Futter mitgegeben, aber eigentlich füttern Sie schon lange *Ihr* bestes Futter, der Tierarzt empfiehlt Ihnen gerne *sein* bestes Futter und die Nachbarin, die hat es ja nun wirklich entdeckt: *Das* einzig wahre Futter!

Falsch! Niemand kann Ihnen für Ihren Hund *das* Futter angeben. Jeder Hund hat individuell sein eigenes »bestes Futter«. Sie werden sich mit dem Thema auseinandersetzen müssen, um zum Ziel zu kommen. Am Rande bemerkt: Als ich vier Hunde hatte, haben alle ihr eigenes individuelles Futter erhalten. Nach langer Suche wurde ich fündig und stellte fest, dass sich die Gesundheit, das Erscheinungsbild und die Fitness der einzelnen Hunde deutlich verbesserten. Auch können so oft die Tierarztkosten geringer gehalten werden.

Also, wie finden Sie sich nun im Dschungel der Futter und Fütterungsvarianten zurecht? Prinzipiell werde ich auf die Fütterung im Kapitel »Ein Sportler wird ernährt« eingehen. Hier möchte ich mich auf die Fütterung im Wachstum konzentrieren. Obwohl ich überhaupt kein Gegner der »Selbstkocher« und »B.A.R.F.«-er (**B**iologisch und **A**rtgerechtes **R**ohes **F**utter) bin, es in vielen Fällen sogar befürworte, möchte ich Sie an dieser Stelle darauf hinweisen, dass die Wachstumsphase hoch komplex ist und durch Fütterungsfehler schwer beeinträchtigt werden kann. Zu schnell können Gelenkschäden, Nierenüberforderung und auch psychische Störungen entstehen. Ich sehe dies in meinem Praxisalltag noch viel zu häufig. Der Besitzer will seinem Hund etwas Gutes tun und kann ihm dadurch nachhaltig schaden. Fertigfuttermittel sind von der Zusammensetzung und Hygiene her der sicherste Weg. Vertrauen Sie mindestens in dieser Lebensphase eher der Futtermittelindustrie und kaufen Sie Ihrem Hund ein Alleinfuttermittel. Nicht umsonst beschäftigen sich die Futtermittelindustrie und tiermedizinischen Ernährungsinstitute schon seit Jahrzehnten mit diesen Fragen.

Sind Sie aber von der Frischfütterung so überzeugt oder gibt es einen medizinischen Grund, Ihren Hund frisch ernähren zu müssen, lassen Sie sich von einer Fachperson beraten. In der Schweiz bietet zum Beispiel das Institut für Tierernährung der Vetsuisse-Fakultät der Universität Zürich eine Futterberatung und -sprechstunde an. Nutzen Sie dieses Angebot.

Ich selbst habe unsere Parson Jack Russell Terrierhündin auf Frischfütterung umgestellt, da sie hochgradig auf Futtermilben allergisch ist. Die Symptome verschwanden schlagartig. Aber ich sah, wie komplex diese Art der Fütterung ist, will man sie wirklich ausgewogen gestalten. So entwickelte ich vier verschiedene Rezepte und lasse mir von einem Metzger »Bio-Fleisch-Gemüse-Kohlenhydrat-Kugeln« herstellen, welche absolut vollwertig sind. Inklusive Öle, Fette und Mineralstoffe: Alle Inhaltsstoffe sind in der richtigen Menge enthalten. Diese Kugeln mischt er und gefriert sie portionenweise ein. So kann ich meinen Hund mit Frischfleisch und Gemüse ernähren, laufe aber nicht Gefahr, dass sich über längere Zeit Mangel- oder Überversorgungsprobleme entwickeln. Diese Idee, wie es auch einfacher und sicherer gehen kann, findet großen Anklang und wir verkaufen diese Frischfleischkugeln inzwischen wie warme Semmeln.

Kauartikel in Maßen können nicht schaden, aber zu viel davon stört das Gleichgewicht der Ernährung.

Entscheiden Sie sich für Trockenfutter, dann achten Sie darauf, dass Sie ein Futter wählen, welches folgenden Aspekten Rechnung trägt: Ob Ihr Hund einer klein- oder großwüchsigen Rasse angehört, ob er kastriert ist oder nicht und dass es Welpen- UND Junghundefutter gibt. Das heißt: »Nicht nur eines für die Jungen und eines für die Alten.« Vergleichen Sie die Bedürfnisse eines frisch abgestillten Babys mit denen eines Grundschülers. Kaum möglich! Lassen Sie auch dem Magen und Darm Ihres Welpen Zeit, sich anzupassen und sich zu entwickeln. Füttern Sie also tatsächlich die ersten Wochen das Futter des Züchters weiter, um einen langsamen Wechsel anzustreben. Schauen Sie sich aber frühzeitig nach einem geeigneten Futter um. Einige Tierärzte haben sich intensiv mit diesem Thema auseinandergesetzt. Ich lege Ihnen nahe, deren Empfehlungen zu befolgen. Ob sich Ihr Tierarzt mit der Ernährung gut auskennt, erkennen Sie schnell: Hat er nur eine Futtermarke im Sortiment und gibt er Ihnen nur unbefriedigend Antwort auf Ihre Fragen, würde ich mich bezüglich der Ernährungsberatung an eine andere Fachperson wenden. Wie bereits erwähnt, bieten auch die Universitäten und tierärztlichen Fachhochschulen meist eine Ernährungsberatung an. Dies wird Ihnen viele angebrochene Futterpackungen ersparen, welche Sie bei schlechter Verträglichkeit oder Akzeptanz gleich wieder verschenken können.

Meine Empfehlungen, ohne Futtermarken zu nennen:

- Kaufen Sie Futter von einem bekannten Hersteller, das Futter wird schneller von der Produktion bis zu Ihnen – dem Endverbraucher – gelangen. Es ist somit frischer. Außerdem kann der Hersteller die Rohstofflieferanten besser aussuchen.

- Füttern Sie ausschließlich Alleinfuttermittel. Stören Sie das über Jahre entwickelte Gleichgewicht nicht durch Zusätze.

- Halten Sie die Beifuttermittel (in Form von Belohnungshappen, Kauartikeln und so weiter) im Rahmen. Diese stören wiederum das Gleichgewicht und haben meist eine schlechte Verdaulichkeit. Gewöhnen Sie Ihren Welpen lieber an sein gewohntes Trockenfutter als Belohnungen zwischendurch, sofern es die Übung erlaubt, dass der Hund etwas kaut.

- Vermeiden Sie unbedingt: Alle wachstumsfördernden Beigaben wie zum Beispiel Kalkpulver. Sie würden damit Wachstums- und Gelenkprobleme programmieren.

- Füttern Sie in der Regel etwas weniger, als auf der Packung angegeben ist. Nimmt Ihr Hund nicht befriedigend zu, können Sie die Menge heraufsetzen. Generell müssen Sie die Menge wöchentlich anpassen. Der Sporthund soll schlank werden und nicht kugelrund. Jedes Gramm mehr auf den Rippen bedeutet unnützen Ballast. Dieser steht dem Welpen im Weg und bringt Probleme. Wie auch bei uns legen wir im Welpen- und Junghundealter den Grundstein für späteres Fressverhalten und allfälliges Übergewicht.

- Wiegen Sie die Menge mit einer Digitalwaage ab und verlassen Sie sich nicht auf die Messbechermethode, diese ist zu ungenau. Dies wurde sogar in einer Studie belegt.

- Verfolgen Sie die Entwicklung anhand einer Wachstumskurve und behalten Sie Kontakt mit den Besitzern der Wurfgeschwister. Vergleichen Sie hin und wieder.

- Hören Sie weg, wenn von allen Seiten her »gute Ratschläge« kommen. Es bringt nur Verunsicherung. Dies führt zu häufigen Futterwechseln. Wenn man bedenkt, dass der Darm des Hundes sechs Wochen braucht, um sich ideal auf ein Futter einzustellen und es dann auch optimal auszunützen, wird klar, weshalb so viele Hunde mit »keinem« Futter zurechtkommen. Dies liegt meist daran, dass die Darmflora und die Schleimhaut des Darms nie Zeit finden, sich zu stabilisieren.

- Achten Sie auf eine hohe Verdaulichkeit des Futters, da in der Jungtierphase das Durchfallrisiko sehr hoch ist.

- Bleiben Sie bis etwa zum Alter von zwölf Monaten bei einer Fütterungsfrequenz von drei Mal täglich. Bis zur sechzehnten Lebenswoche empfehle ich Ihnen, Ihren Welpen sogar vier Mal täglich zu füttern.

- Die Zusammensetzung des Welpen-, Junior- und Adultfutters unterscheidet sich am meisten im Protein- und Kalziumgehalt. Wachsende Tiere und Tiere, bei denen das Immunsystem noch weiter ausreifen muss, haben einen erhöhten Bedarf an diesen Inhaltsstoffen. Da das Futter ausgewogen sein muss und die industriell gefertigten Futtermittel dieses Kriterium voll und ganz erfüllen, würde ich mich die ersten zwölf bis achtzehn Monate (je nach Dauer der Wachstumsphase und der Endgröße) an ein solches Futter halten. Ebenso rate ich Ihnen, sich an den angegebenen Altersbereich des jeweiligen Futters zu halten.

- Sollte Ihr Hund an Wachstumsstörungen leiden, halten Sie sich bitte unbedingt an die Fütterungsempfehlungen Ihres Tierarztes. Schon allein über gewisse Inhaltsstoffe und die Veränderung der Futterzusammensetzung kann dem Hund zu einem Teil geholfen werden.

- Jegliche Fütterung von Belohnungshäppchen stört das Gleichgewicht der Ernährung. Findet diese alle paar Tage oder in kleinen Mengen statt, ist das kein Problem, aber oft wird bei der Welpen- und Junghundeaufzucht viel mit »Goodies« gearbeitet. Nehmen Sie lieber dafür das gewohnte Alleinfuttermittel. Wägen Sie am Morgen die Gesamtmenge ab, welche der Hund zu gut hat und nehmen Sie davon Ihre Belohnungen auf den Spaziergang oder in die Hundeschule mit. Leckerli können sehr fettreich sein. Für einen zehn Kilogramm schweren Hund entspricht ein mittelgroßes Belohnungsstückchen kalorienmäßig einem ganzen Hamburger bei uns Menschen!

3.3. Reichlich mit Talent beschenkt

Prinzipiell ist Ihr Welpe bis zum Beweis des Gegenteils ein kleines Genie. Er hat in der Regel beste Voraussetzungen zum Spitzensportler. Auch beim menschlichen Sportler werden die Weichen schon früh gestellt. Bei genug frühem Training der richtigen Muskelgruppen und koordinatorischen Fähigkeiten und bei breit gefächertem Sportangebot kann nicht mehr viel schieflaufen. Es kann nicht jeder Weltmeister werden, aber das möchte wohl auch nicht jeder. Aber dem Hund und Hundeführer entsprechend sollten die Ressourcen ideal genutzt werden.

Beobachten Sie Ihren Hund genau, ob er sich wirklich für die bisher vorhergesehene Arbeit oder Freizeitbeschäftigung eignet. Vielleicht wollten Sie aus ihm einen Fährtenhund machen, stellen aber fest, dass er sich weitaus besser zum Schutzhund eignet? Oder umgekehrt. Oder vielleicht ist Ihr Hund gleich für mehrere Sportarten vielseitig veranlagt? Möchte er vielleicht nebst dem Agilitytraining auch gerne Hütearbeit verrichten? Gönnen Sie ihm diesen Ausgleich. Dieser wird ihm gut tun, und bald werden Sie merken, dass er in seiner Paradedisziplin sogar einen Leistungszuwachs aufweisen wird. Ich kenne keinen Profisportler, der sich nicht mit sogenanntem »Crosstraining« (dazu noch mehr später) Ausgleich verschafft und seinen Körper damit sogar bewusster und effizienter trainiert. Bleiben Sie offen und versuchen Sie nicht, Ihren Hund entgegen seinen Fähigkeiten und Präferenzen in ein Muster zu zwängen. Sie werden sonst beide unglücklich sein.

Ich empfehle Ihnen deshalb, Ihren Hund breit gefächert zu fördern. Bringen Sie ihm das Schwimmen und das Begleiten eines Fahrradfahrers oder Reiters bei. Auch ein Agilityhund kann seine Nase zur Fährtenarbeit gebrauchen. Geben Sie Ihrem Hund die Möglichkeit, sich polysportiv zu beschäftigen. Machen Sie die unter dem Kapitel »Wie Ihr Zwerg zum gesunden Sportler wird« aufgelisteten und empfohlenen Übungen – Sie werden später immer wieder Situationen erkennen, in denen Ihr Hund von den Fähigkeiten profitiert, welche er sich durch diese Welpen- und Junghundeübungen erworben hat.

Nutzen Sie das Talent Ihres Welpen, Sie werden viel Spaß zusammen haben!

3.4. Empfehlungen zur Aktivität des Welpen und Junghundes

Zu diesem Thema gibt es viele Meinungen und Empfehlungen. Die Faustregel, dass man pro Lebenswoche den Spaziergang um eine Minute ausdehnen kann, finde ich die beste. Diese Regel gilt natürlich pro Spaziergang.

Empfehlung:
Pro Lebenswoche eine Minute Spaziergang.

Beispiel: In einem Alter von sechzehn Wochen können sechzehn Minuten am Stück spaziert werden. Im Alter von zwanzig Wochen sollten es maximal zwanzig Minuten sein.

Ein paar weitere wichtige Punkte sind:

- Nach der Hälfte des Spazierganges sollten Sie immer wieder eine Minute stehen bleiben. Setzt oder legt sich Ihr Hund sofort hin, ist er schon müde. Schnüffelt er interessiert weiter und bleibt in Bewegung, können Sie beruhigt weitergehen. Da der Hund ein Rudeltier ist, wird er, solange sich das »Rudel« weiterbewegt, immer mithalten wollen. Erst in der Erschöpfung wird er sich zurückfallen lassen oder gar stehen bleiben.

- Organisieren Sie sich am besten eine gute Tragemöglichkeit, zum Beispiel in Form eines Rucksacks oder eines Babytragetuchs. Inzwischen gibt es sogar eigens dafür konzipierte »Hundetragerucksäcke«. So können Sie auch mal größere Touren unternehmen und den Hund immer wieder ein paar Minuten aus dem Rucksack lassen. Sie können so Ihren Hund immer mehr Umwelteinflüssen aussetzen und ihm neues Gelände zeigen. Nicht nur wegen des Bewegungsapparates ist die Anschaffung eines solchen Rucksackes lohnend, sondern gerade auch, um ihm in den ersten zwei Wochen die »große weite Welt« zu zeigen, ohne dass er überreizt wird. Ihr Welpe wird sich so um einiges sicherer fühlen, als er es als kleiner Zwerg inmitten von riesenhaften Passanten tun würde.

- Inzwischen wurde belegt, dass sich die Bodenbeschaffenheit zuhause mindestens so stark auf die spätere Gelenkgesundheit auswirkt wie die Dauer der Spaziergänge. Ist der Boden glatt, wird Ihr Hund oft – vor allem im Spiel – ausrutschen. Dies bedeutet für seine Gelenke jedes Mal ein kleines und manchmal sogar ein großes Trauma. Dies kann im Wachstum zu Entwicklungsstörungen und später zu Gelenkschäden führen. Als rutschige Böden gelten: Parkett, Laminat und PVC. Also genau genommen alle leicht zu reinigenden Böden. Denn wer behält beim Einzug eines Welpen schon freiwillig einen Teppichbelag? Wie könnte nun eine Lösung aussehen? Ich empfehle, im Haus respektive in der Wohnung eine Ecke oder ein Zimmer einzurichten, wo die Bezugspersonen mit dem Hund spielen können, ohne dass dieser dabei ausrutscht. Dazu eignen sich Spannteppichabschnitte oder Teppiche, welche auf der Unterseite gummiert sind. Idealerweise verwenden Sie dazu nicht das kostbare Familienerbstück, denn auch vor Teppichen machen Welpen oft nicht halt. So können Sie es doch mit etwas Humor nehmen, falls der Teppich kaputtgehen sollte.

- Der letzte, aber nicht unwesentlichste Punkt, den ich in diesem Zusammenhang erwähnen möchte, ist das Spielen mit dem Hund. Inzwischen ist weitläufig bekannt, dass die sogenannten »Stop-and-Go-Spiele« nicht gesund sind. Langdauerndes Ballwerfen, aber auch uneingeschränktes Spiel mit anderen Hunden wirken negativer auf die Gelenke als wiederholte und immer wiederkehrende Überbeanspruchung, weil der Bandapparat und die Muskeln diese enorm hohe Belastung nicht abfangen respektive ausgleichen können. Achten Sie darauf, dass Ihr Hund in der Regel mit Hunden gleicher Gewichtsklasse spielt. Insbesondere das Spiel mit großen und schweren Individuen sollten Sie in dieser doch hoch sensiblen Phase meiden.

Organisieren Sie früh genug eine geeignete Tragemöglichkeit für Ihren Welpen. So machen auch längere Spaziergänge Spaß, ohne dass seine Gelenke überlastet werden.

4 Der Sportler wird trainiert

4.1. Belastungsarten

Je nach Zielsportart wird Ihr Training unterschiedlich ausfallen. Nachfolgend eine Tabelle, welche Belastungsarten bei welcher Sportart gezielt betont werden sollten.

Sportart/Belastungsart	Schnellkraft	Kraftausdauer	Ausdauer	Koordination	Beweglichkeit
Agility	✓			✓	✓
Fährten- und Suchhund			✓	✓	✓
Jagdhund	✓	✓	✓	✓	✓
Schutz- und Diensthund	✓	✓	✓	✓	✓
Wasserrettungshund		✓	✓	✓	✓
Windhund	✓			✓	✓
Schlittenhund		✓	✓		

Diese Belastungsarten sind wohl einigen Lesern geläufig, den anderen möchte ich eine Kurzübersicht mit Definitionen geben.

Schnellkraft: Die Energieentwicklung und -übertragung, die beim Hund in möglichst kurzer Zeit einen möglichst großen Impuls erzeugen soll. Oder einfacher ausgedrückt: Eine Bewegung soll in möglichst kurzer Zeit ausgeführt werden. Beispiele: Sprints, Sprünge.

Windhunderennen, die Königsdisziplin der Schnellkraft.

Kraftausdauer: Sie ist abhängig von den Komponenten Kraft und Ausdauer. Sie wird benötigt bei sich wiederholender und lang anhaltender Muskelarbeit. So ist sie eine leistungsbestimmende Fähigkeit zum Beispiel im Schlittenhundesport und im Jagdhundewesen.

Ausdauer: Die Möglichkeit einer Dauerbeanspruchung bei lang anhaltenden sportlichen Anforderungen, sprich die Widerstandsfähigkeit des Körpers gegen die Ermüdung. Folgende Mechanismen müssen auf Ausdauer hin trainiert werden: Muskulatur, Energiebereitstellung inklusive Herz- Kreislaufsystem und (nicht unwesentlich, aber häufig vergessen) die mentale Fähigkeit des Durchhaltevermögens. Es gibt in der Sportwissenschaft mehrere Untergruppen der Ausdauer, wie Kurz- (0,5 - 2 Minuten) Mittel- (2 - 10 Minuten) und Langzeitausdauer (>10 Minuten). Die Langzeitausdauer wird wiederum in vier Untergruppen eingeteilt: Langzeitausdauer 1 (10 - 35 Minuten), Langzeitausdauer 2 (35 - 90 Minuten), Langzeitausdauer 3 (90 Minuten - 6 Stunden) und Langzeitausdauer 4 (über 6 Stunden).

Der Schlittenhundesport als Inbegriff der Kraftausdauer.

Koordination: Die Nerven und Muskelgruppen arbeiten aufeinander abgestimmt und ermöglichen so dem Individuum, auch komplexe Bewegungen harmonisch und effizient auszuführen. Dazu gehören:

- Gleichgewichtsfähigkeit: Der Körper kann trotz großer Körperverlagerung im Gleichgewicht gehalten werden.

- Reaktionsfähigkeit: Körper und Geist sind befähigt, in kurzer Zeit angepasste Reaktionen hervorzurufen.

- Kopplungsfähigkeit: Einzelbewegungen werden räumlich, zeitlich und dynamisch aufeinander abgestimmt, damit eine fließende Gesamtbewegung daraus entstehen kann.

- Differenzierungsfähigkeit: Der differenzierte Kraft- und Bewegungseinsatz ist wichtig für die Ökonomie der Bewegung.

- Geschicklichkeit: Leichtigkeit oder Begabung, neue Fähigkeiten zu erlangen.

- Umstellungsfähigkeit: Die Möglichkeit einer Situationsänderung nach einem begonnenen Bewegungsablauf.

Beweglichkeit: **Sie besteht aus zwei Komponenten: der Gelenkigkeit und der Dehnfähigkeit. Die Gelenkigkeit wird dadurch bestimmt, wie sehr das einzelne Gelenk beweglich ist. Dies ist eine angeborene Eigenschaft, welche nur beschränkt verändert werden kann. Die Dehnfähigkeit wird durch die Muskulatur bestimmt. Diese Fähigkeit kann erworben, also trainiert werden.**

Wie eine Forschungsgruppe von Zoologen um Prof. Dr. Martin Fischer von der Universität Jena[1] mit beeindruckenden Modellen und Röntgenaufnahmen während des Bewegungsablaufes zeigen konnte, bewegt sich der Hund durch Heckantrieb und durch Rückenschwingung vorwärts. Die Vordergliedmaße bewegt sich primär durch eine Rotation und Vorwärts / Rückwärtsbewegung des Schulterblattes. Diese Bewegungsabläufe sollten wir uns stets vor Augen führen, wenn wir den Hund ideal aufbauen und vor Verletzungen schützen wollen. Der Einfluss der über Generationen durch Zucht gezielt selektionierten Unterschiede im Körperbau wird uns spätestens dann bewusst, wenn wir

> Die Vorwärtsbewegung des Hundes entsteht aus der Hintergliedmaße und dem Rücken, die Vordergliedmaße bewegt sich hauptsächlich durch die Bewegung, insbesondere Rotation des Schulterblatts.

das Skelett eines Dackels und das eines Windhundes vergleichen. Der Dackel soll flink und wendig sein, sich auf der Jagd gut in einen Bau vorarbeiten können. Der Windhund hingegen soll Höchstgeschwindigkeiten von bis zu 80 km/h erreichen können. Die Besonderheit des Windhundskeletts besteht darin, dass es einen leichten Knochenbau, ein stark gekipptes Becken, einen sehr flexiblen Rücken und anatomisch perfekt geformte Schulterblätter besitzt. Die Hintergliedmaßen funktionieren bei ihm wie eine Sprungfeder. Der Dackel hingegen hat einen robusten Knochenbau und verkürzte Beine, welche ihm seine Arbeit deutlich vereinfachen.

[1] *Hunde in Bewegung*; Lilje, Fischer; Franckh Kosmos Verlag; 2011

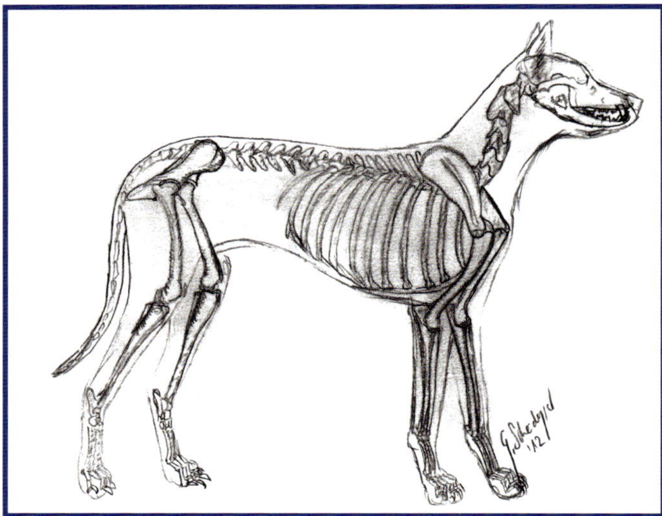

Malinois - neutraler, effizienter Körperbau.

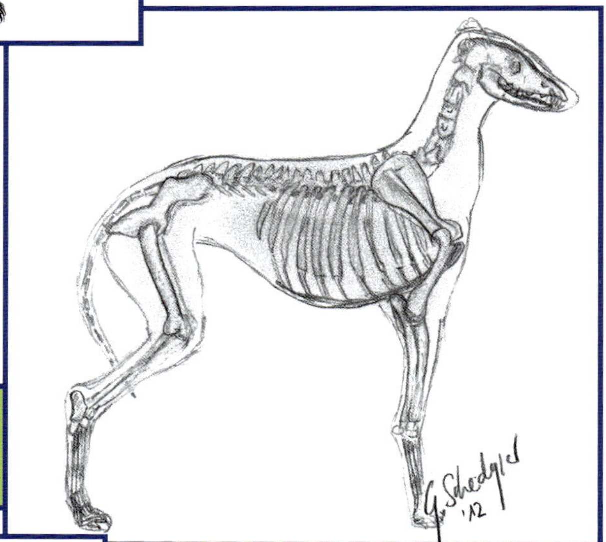

Greyhound - starke Winkelung / Sprungfeder

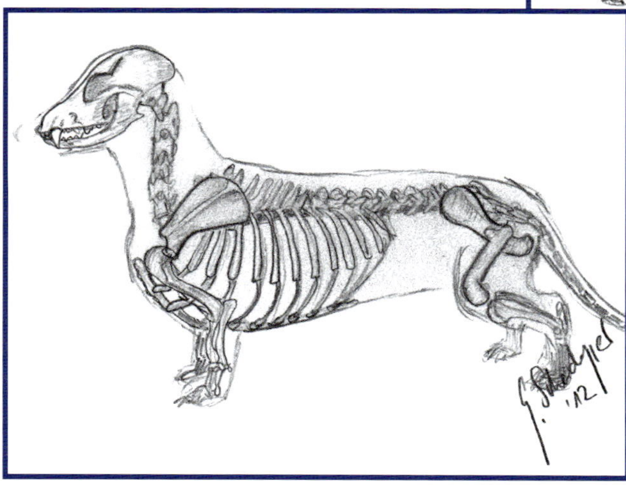

Dackel - kurzbeinig und kompakt

4.2. Trainingsvarianten und -möglichkeiten

4.2.1. Schnellkraft

Frühestes Alter: Zehn Monate, bei großwüchsigen Hunden sogar erst ab zwölf bis vierzehn Monaten.

Es ist schwierig, die Schnellkraft auf eine »gesunde« Art und Weise zu trainieren, weil dabei die Gelenkbelastung groß werden kann. In der Regel empfehle ich, »Stop-and-Go-Belastungen« zu vermeiden. Dies ist hier aber nicht unbedingt immer möglich. Versuchen Sie, möglichst alle Übungen auf einem weichen Untergrund durchzuführen. Die einzelnen Übungen sollten pro Einheit nicht mehr als 20 Mal wiederholt werden. Also lieber zwei Trainingseinheiten à 20 Wiederholungen als einmal 40 Wiederholungen pro Tag.

Übungen:

- Sprünge (Weit- und Hochsprung)
- Beschleunigung aus dem Stand, Sitz oder Platz (Bsp. Ball holen oder Hund aus Distanz abrufen)
- Anziehen (im Zuggeschirr): aus dem Stillstand zehn Meter weit anziehen
- Im Spiel mit dem Hund: schnelle Richtungswechsel provozieren
- Treppe hinaufrennen (etwa ein Treppenabsatz, maximal ein Stockwerk)
- Hügel hinaufrennen
- Das Spiel mit anderen Hunden ist meist ein gutes Basistraining für die Schnellkraft

Das schnelle Anziehen einer Last im Zuggeschirr. Achten Sie auf eine leicht elastische Zugleine, die als Ruckdämpfer wirkt.

Auch das Sprungtraining trainiert die Schnellkraft. Gestalten Sie dieses mit viel Triebspiel und lassen Sie nur einzelne bis maximal zwei Sprünge ausführen.

4.2.2. Kraftausdauer

Frühestes Alter: Acht Monate

Das Kraftausdauer-Zugtraining sollten Sie mit ein paar hundert Metern beginnen und erst ab zwölf Monaten über vier Kilometer, mit dem 18 Monate alten Hund über acht Kilometer gestalten. Der Körper muss sich langsam an die Belastung gewöhnen. Zeigt Ihr Hund am nächsten Tag Steifheit und/oder Bewegungsunlust, dann war es zu viel. Gehen Sie eine Stufe in Ihrem Trainingsplan zurück.

Die zum jeweiligen Sport benutzten Muskelgruppen sind zwar unterschiedlich, aber ich würde jeweils bei jedem Hund den ganzen Körper bezüglich Kraftausdauer trainieren. Als einzige Ausnahme führe ich hier den Sprint-Windhundesport auf. Eine zu starke Muskelmasse der ausdauernden (roten) Muskelfasern würde ansonsten eine Abnahme der Schnellkraft bedeuten.

Die meisten Hunde können gut motiviert werden, schwere Äste zu tragen.

Übungen:

- Halsmuskulatur und Vorderhand: Lassen Sie den Hund schwere Äste tragen und machen Sie mit ihm kontrollierte Zerrspiele (ohne ruckartige Bewegungen). Schwerpunkt: Schutzhunde.

- Rücken und Hintergliedmaße: Ist Ihr Hund mit acht Monaten noch sehr schlaksig und unkoordiniert, beginnen Sie erst ein paar Monate später damit. Vermeiden Sie ruckartiges Anziehen. Jede Zugarbeit ist die ideale Belastung, um den Rücken und die Hinterhand aufzubauen. Hier ist die Ausrüstung von enormer Bedeutung. Lassen Sie Ihrem Hund ein Zuggeschirr (also ein Schlittenhundegeschirr, kein Brustgeschirr!) anpassen. Der Fixierpunkt der Leine soll bei der Schwanzwurzel liegen. So wird Ihr Hund mit der Hinterhand und dem hinteren Rücken arbeiten müssen. Es ist unabdingbar, einen Ruckdämpfer oder eine Leine mit Elastikanteil zu benutzen, um Schläge auf den Rücken zu vermeiden. Die Gelenke der Vorderhand werden bei der Zugarbeit kaum belastet, da die dadurch entstehenden Kräfte über das Zuggeschirr auf den ganzen Brustkorb verteilt werden. Sie können entweder so mit ihm joggen oder Fahrrad fahren, oder aber der Hund kann auf diese Weise Gewichte ziehen. Als Gewicht eignen sich die verschiedenen Reifen (anfänglich leichtere Motorradreifen, später Autoreifen). Das Gewicht, respektive der Widerstand sollen langsam gesteigert werden. Der Hund kann problemlos bis zu seinem eineinhalbfachen Körpergewicht ziehen. Führen Sie den Hund langsam an die Belastung heran. Am einfachsten beginnen Sie das Training mit einer Hilfsperson. Diese soll dem Hund von hinten den Widerstand bieten und anfängliche ruckartige Bewegungen mit den Armen abfangen. Sie wiederum motivieren den Hund, von vorne zu ziehen. Verknüpfen Sie dann gleich ein Kommando damit (zum Beispiel »zieh«). Sobald er zieht, wird die Geschwindigkeit etwas erhöht und der Hund gelobt. Beides dient der Bestätigung. Viele Hundebesitzer haben Angst, dass der Hund dann auch im Alltag an der Leine zu ziehen beginnt. Ich kann Ihnen diese Angst nehmen: Das Gegenteil ist der Fall. Er wird weniger an der Leine ziehen, da er sich beim Training auspowern kann und er lernt sofort den Unterschied kennen, ob die Leine am Halsband oder am Zuggeschirr eingehakt ist.

4.2.3. Ausdauer

Frühestes Alter: Acht Monate beim kleinwüchsigen und zehn Monate beim großwüchsigen Hund

Übungen:

- Freies Lauftraining (siehe oben, diesmal aber ohne Zugarbeit). Hier wird bei drei Kilometern begonnen. Die Grundlagenausdauer muss unbedingt aufgebaut werden, bevor mit dem eigentlichen Ausdauertraining begonnen werden darf. Das heißt, dass Sie ausgehend von diesen drei Kilometern die Distanz ganz langsam steigern. Bei jedem vierten Training wird die Laufstrecke um etwa einen Kilometer erweitert. Essenziell dabei ist, dass die Intensität niedrig gehalten wird. Erst nach etwa drei Monaten (die Strecke dürfte nun auf etwa zehn bis zwölf Kilometer angewachsen sein) wird dann die Intensität gesteigert. Das Tempo kann nun etwas erhöht werden. Der Hund darf nun auch eingespannt werden. Auf diesem Level trainieren Sie dann Ihren Hund weitere drei Monate. So hat er eine gute Grundausdauer (Level 1 und 2). Der Trainingseffekt dauert beim Menschen länger. Wollen Sie sich selbst gleich mittrainieren, müssten Sie bei der niedrigeren Intensität über sechs bis neun Monate bleiben, um die Grundlagenausdauer Stufe 1 richtig zu erarbeiten. Später können Sie dann schneller aufbauen. Diese Phase braucht viel Geduld, aber Sie werden dafür belohnt werden. Danach wird Ihnen und Ihrem Hund jeglicher Aufbau leicht fallen, auch der des Krafttrainings und der Kraftausdauer.

Lauftraining mit dem Hund macht Spaß und kann vielseitig gestaltet werden.

- Später (ab 24 Monaten) kann ein Hund problemlos in ein Marathontraining mit einbezogen werden. Er kann auch die Long-Runs (25km) absolvieren, solange Sie auf einen weichen Boden, genügend Wasserversorgung und eine penibel genau durchgeführte Pfotenkontrolle achten. Es kann ein Long-Run pro Woche absolviert werden. Steigt die Temperatur auf über 20 Grad Celsius, müssen Sie vorsichtig sein und dem Hund immer wieder die Möglichkeit geben, Zeichen der Ermüdung zu zeigen. Generell natürlich, auch bei Minustemperaturen (!) gilt: überprüfen Sie regelmäßig den Zustand des Hundes. Bleiben Sie kurz stehen. Legt sich Ihr Hund sofort hin, muss die Belastungsintensität umgehend reduziert werden. Es liegt in der Natur des Hundes, immer mitzulaufen und keine Schwäche zu zeigen.

- Fahrradbegleitung: Wenn immer möglich, sollte Ihr Hund frei nebenher laufen können. Das System des »Springers« (seitliche Anbindevorrichtung für das Fahrrad) bringt die Hunde dazu, schräg zu laufen. Dies wird mit der Zeit einen negativen Einfluss auf die Gesundheit haben, und das gilt es unbedingt zu vermeiden. Wenn Sie keine andere Möglichkeit haben, müssen Sie unbedingt bei jeder Trainingseinheit die Seite wechseln, damit der Körper gleichmäßig belastet wird.

Um die Belastung eines gemeinsamen Biketrainings zu absolvieren, ist eine gute Grundlagenausdauer nötig.

- Schwimmen: Das kontrollierte Schwimmen sollte anfänglich unbedingt in einem Pool oder See stattfinden. Das Schwimmen in Flüssen sollte Routiniers vorbehalten bleiben. Der Hund wird vom Hundeführer begleitet und kontrolliert. Anfangs sollte der Besitzer den Hund mit der einen Hand an einer Schwimmweste führen und mit der anderen Hand unter dem Becken oder am Rutenansatz stützen. Es gilt, dem Hund von Anfang an Vertrauen zu geben. Erst mit der Zeit soll diese Unterstützung abgebaut werden. Das erste Schwimmtraining sollte nicht länger als zwei Mal eine Minute (!) dauern. Dies hört sich nach einer kurzen Zeit an, aber bedenken Sie, wie intensiv das Schwimmen dieser Dauer für Sie selbst ist. Pro Session können Sie dann um eine Minute verlängern. Mit der Zeit machen Sie drei statt zwei Sessions. Ganz gut trainierte Hunde schaffen es bis zu drei Sequenzen à 20 Minuten. Bis Sie einen solchen Trainingszustand erreichen, dauert es aber mindestens ein Jahr. Lassen Sie Ihrem Hund Zeit. Die Ausdauerleistung ist eher eine Sache des schon deutlich erwachsenen Hundes (ab drei bis vier Jahren). Wie bei uns Menschen steigert sich die Fähigkeit zur Ausdauerleistung mit dem Alter. Als Steigerung können Sie den Hund

Ihr Boot begleiten lassen – sofern Sie selbst nicht in der Lage sind, solch eine Schwimmleistung zu erbringen. Auch das Schwimmen im Fluss können Sie dann ins Auge fassen. Aber denken Sie immer daran: In natürlichen Gewässern kann es wegen unberechenbarer Strömung immer zu Vorfällen kommen und die Wassertemperatur ist oft sehr niedrig. Ziehen Sie Ihrem Hund also immer eine Schwimmweste an und begleiten Sie ihn.

Schwimmen mit oder ohne Hundeführer macht den meisten Hunden Spaß.

4.2.4. Koordination

Frühestes Alter: Ab acht Wochen

Die Übungen lesen Sie bitte im Kapitel »Wie Ihr Welpe zum gesunden Sportler wird« nach.

Steigerungsmöglichkeiten gibt es unzählige, Ihrer Fantasie sind keine Grenzen gesetzt. Ich zähle hier nur einige Ideen auf:

- Beinslalom: Ihr Hund macht durch Ihre Beine Slalom. Bei jedem Schritt schlüpft er unter Ihren Beinen hindurch.

Den Beinslalom lernt der Hund schnell. Er kann nicht nur zum Training der Koordination, sondern auch als Aufwärmübung genutzt werden.

- Balancieren: auf einem Rundholz statt auf einem schmalen Brett. Lassen Sie Ihren Hund anfänglich auf einem gefällten Baumstamm balancieren. Wählen Sie immer dünnere Bäume bis hin zu einem Bäumchen.

- Bodengymnastik: Lassen Sie einige (vier bis acht), in der Größe dem Hund angepasste Rundhölzer oder »Schwimmnoodels« »mikadoartig« auf den Boden fallen. So entsteht immer ein neues Muster unterschiedlicher Anordnung und verschiedener Hindernishöhe, je nachdem, wie viele dieser Hölzer aufeinander oder nebeneinander landen. Führen Sie Ihren Hund langsam und kontrolliert hindurch. Lassen Sie ihn darüber steigen und nicht darüber springen. Anfangs wird er stolpern und immer wieder die Pfoten anstoßen. Sie werden rasch (schon innerhalb einer einzelnen Trainingseinheit) Fortschritte feststellen können.

- Sprunggymnastik: Dieses Element ist vor allem für den Agilityhund unerlässlich, wird aber jedem Hund einen großen Vorteil bringen. Ich empfehle folgende vier Übungen und Anordnungen:

Reihe

Stellen Sie drei, später fünf Sprünge hintereinander in einer geraden Linie auf. Die Abstände sind nach der Größe des Hundes zu wählen. Diese werde ich untenstehend aufführen. Die Sprunghöhe kann variiert werden. Anfangs wählen Sie eine Minimalhöhe, um die Gelenke des Hundes nicht zu belasten. Das können sogar nur ein paar wenige Zentimeter sein. Die Höhe kann dann mit dem Erwachsenwerden zunehmen. Das große Thema bei dieser Übung ist das Timing. Der Hund muss lernen, zum richtigen Zeitpunkt abzuspringen, nach der Landung die Distanz einzuschätzen und erneut den richtigen Zeitpunkt zu finden, um abzuspringen und so weiter. Bevor Sie zum nächsten Schritt gehen, stellen Sie sicher, dass Ihr Hund die koordinativen Fähigkeiten besitzt, mühelos diese Reihe sicher zu springen, ohne die Stangen zu berühren, ohne unter ihnen hindurchzulaufen oder gar seitlich auszubrechen. Die Bewegungen sollen fließend und gleichmäßig sein.

Nun verringern Sie die Abstände zwischen den Hindernissen jeweils um zehn Zentimeter. In den meisten Fällen dauert es nun erneut eine Weile, bis der Hund die neue Distanz koordinativ meistert. Dann können Sie nochmals um zehn Zentimeter verkürzen. Und so weiter und so fort. Die unten empfohlenen Mindestabstände sollten nicht unterschritten werden, ansonsten wird der Hund einen gesundheitlichen Schaden nehmen können und vor allem ein Frusterlebnis haben, was unbedingt zu vermeiden ist.

Die »Reihe« als Grundlage der Sprunggymnastik sieht einfach aus, verlangt vom Hund aber hochgradige Konzentration und koordinative Fähigkeiten.

Anfangsdistanz und Mindestdistanz zwischen den Sprüngen (ungefähre Angaben – maßgebend sind die genaue Größe des Hundes, seine Fähigkeit, sich im Rücken zusammenzuziehen und zu strecken und seine Fortschritte im Koordinationstraining. Ebenso beeinflusst die Sprungtechnik diese Distanz mit).

Small (kleine Hunde): von zwei Metern zu verkürzen auf etwa 60 Zentimeter

Medium (mittelgroße Hunde): von drei Metern zu verkürzen auf etwa einen Meter

Large (große Hunde): von vier Metern zu verkürzen auf etwa anderthalb Meter

Kreuz

Stellen Sie vier Sprünge zu einem Kreuz angeordnet auf. Lassen Sie in der Mitte genügend Platz für den Hundeführer (zwischen den einzelnen Flügeln mindestens einen Meter). Das Ziel der Übung ist es, diese vier Sprünge in beiden Richtungen in einer fließenden, regelmäßigen Bewegung zu nehmen. Anfangs wird Ihr Hund wahrscheinlich nach außen driften und Stangen reißen. Lassen Sie Ihren Hund selbst entscheiden, wo er die Sprünge genau nehmen will, er wird die optimale Distanz zu Ihnen (im Zentrum des Kreuzes stehend) finden. Eine der Hauptleistung wird darin bestehen, dass Ihr Hund lernt, die Kraftübertragung der inneren und äußeren Gliedmaßen unterschiedlich zu dosieren.

Das »Kreuz« bringt dem Hund bei, die Kräfte der innen- respektive außenliegenden Gliedmaßen zu dosieren und gezielt einzusetzen.

Box

Übung 1: Stellen Sie die Sprünge in einem Viereck auf. Wählen Sie die Abstände wie unter der Übung 1 aufgeführt. Die Übung sollte am Schluss folgendermaßen aussehen: Ihr Hund startet von außen her, nimmt die beiden gegenüberliegenden Sprünge und folgt so einer imaginären Acht. So wird er im Wechsel nach rechts und nach links drehen. Dieser Wechsel kombiniert mit den Sprüngen verlangt von ihm höchste Konzentration und Koordination. Versuchen Sie, das Tempo vor allem zu Beginn und während des Aufbaus der Übung niedrig zu halten. Ich weiß, dass gewisse Agilityhunde nicht viel von niedrigem Tempo halten und zum Teil kaum kontrollierbar sind, aber versuchen Sie es zumindest – der Gesundheit Ihres Hundes zuliebe.

Die »Box« muss sorgfältig aufgebaut und korrekt geführt werden. Diese Übung bringt dem Hund auf eine gesunde Art bei, sein Gewicht zum richtigen Zeitpunkt zu verlagern.

Übung 2: Lassen Sie Ihren Hund jeden Sprung von innen nach außen ausführen. Zwischen den Sprungflügeln soll er wieder in die »Box« hineinkommen, um gleich danach den nächsten Sprung wieder von innen nach außen zu nehmen.

Übung 3: Der Hund geht die Sprünge von außen nach innen an, um gleich danach die »Box« wieder zwischen den Flügeln hindurch zu verlassen. Den nächsten Sprung wird er wieder von außen nach innen absolvieren.

Welle

Stellen Sie mindestens drei Sprünge nebeneinander auf. Lassen Sie dazwischen zu Beginn einen Meter Platz, später können Sie diese Distanz auf 80 Zentimeter verringern. Ihr Hund soll diese Sprünge entweder alle von vorne oder alle von hinten springen. Das heißt, dass Sie Ihren Hund jeweils zwischen den Sprüngen durchführen müssen. Dies wird anfänglich schwierig. Aber mit der Zeit wird Ihr Hund lernen, das Tempo und die Sprungweite anzupassen und schon über dem Sprung den Richtungswechsel einzuleiten.

Die »Welle« lehrt den Hund, zum richtigen Zeitpunkt sein Tempo zu dosieren, damit er sein Gleichgewicht korrekt verlagern kann.

Diese Sprunggymnastik wird natürlich in der Höhe dem Alter des Hundes angepasst. Anfangs kann sie ein paar Zentimeter betragen. Erst später werden die Sprünge höher gestellt. Die Endhöhe sollte nicht vor dem 16. Lebensmonat erreicht sein. Wollen Sie Ihrem älteren Hund ein gutes Koordinationstraining bieten, so ist diese Sprunggymnastik genauso geeignet. Dabei wird die Höhe dem Alter entsprechend langsam reduziert, bis der Hund nur noch ein paar Zentimeter hoch hüpfen muss.

4.2.5. Beweglichkeit

Frühestes Alter: Zehn bis zwölf Wochen

Von uns selbst wissen wir, wie wichtig die Beweglichkeit im Alltag ist. Wir merken dies spätestens, wenn wir älter werden und einen Teil dieser Beweglichkeit wieder einbüßen. Ebenso wissen wir, dass diese Komponente am besten schon im frühen Kindesalter trainiert werden sollte. Solange die Bewegungsabläufe vom Welpen selbst ohne Fremdeinwirkung durch den Hundeführer durchgeführt werden, nehmen die noch sehr empfindlichen Gelenke keinen Schaden. Wiederholen Sie die Übungen nicht zu häufig. Der Hund soll mit Spaß dabei sein.

- Kriechen: Lassen Sie Ihren Hund unter einem Hindernis hindurchkriechen. Als Belohnung würde ich Futter empfehlen. Mit einem Spielzeug würde der Hund zu ruckartige Bewegungen machen.

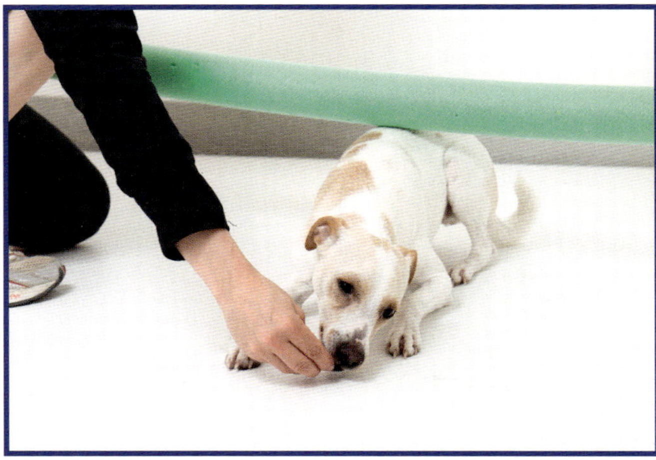

Mit etwas Futter ist (fast) jeder Hund dazu zu motivieren, unter einem Hindernis hindurchzukriechen.

- Wirbelsäulenbeugung und -streckung: Lassen Sie Ihren Hund mit etwas Futter geführt seinen Kopf nach oben, nach unten und zu beiden Seiten bewegen. Detailanweisung: Bei der Seitwärtsbewegung bleiben Sie mit dem Leckerli auf derselben Höhe, für die Beugung führen Sie die Schnauze zwischen beide Pfoten hin, später dann auf das Brustbein zu. Je höher die Zielstelle ist, desto mehr wird die Beugung aus der Halswirbelsäule vollbracht. Zur Streckung führen Sie Ihre Führhand auf einem imaginären Bogen zwischen den Ohren hinauf. Vermeiden Sie, dass Ihr Hund sich hinsetzt. Alle Führbewegungen müssen langsam, kontrolliert und fließend sein. Hat Ihr Hund Schmerzen in der Wirbelsäule, werden Sie rasch merken, dass seine Beweglichkeit aufgrund von Verspannungen eingeschränkt ist. Diese Übungen können Sie auch therapeutisch nutzen, um die Rücken- und Halsmuskulatur zu dehnen.

Die Dehnungsübungen sollten mit der seitlichen Dehnung begonnen werden. Um die Halswirbelsäule zu biegen, führen Sie das Leckerli zur Schulter hin, um die ganze Wirbelsäule in die Dehnung zu bringen, führen Sie das Leckerli zur Hüfte hin. Bleiben Sie stets auf der gleichen Höhe und führen Sie die Bewegung langsam und fließend aus.

Die Beugung erreichen Sie, indem Sie das Leckerli zwischen die Pfoten führen.

Für die Überstreckung der Halswirbelsäule führen Sie das Leckerli in einem Bogen nach oben.

- Volte: Führen Sie Ihren Hund in einer engen Volte um sich herum, sodass er sich im Rücken biegen muss. Am besten führen Sie diese Übung gleich nach der oben genannten Übung durch.

Die Volte sollte nicht zu schnell und gut kontrolliert ausgeführt werden.

- Streckung Vorder- und Hinterhand: Verknüpfen Sie das selbständige Strecken Ihres Hundes mit einem Kommando. Nach kurzer Zeit wird sich Ihr Hund auf Befehl hin strecken. Dies dehnt in der ersten Streckphase (Vorderbeine) den ganzen Schultergürtel und die gesamte

Das Strecken auf Kommando kann auch als Trick »Verneigen« einstudiert werden.

Vordergliedmaße. In der zweiten Phase (Hinterbeine) den Beckenring und die ganze Muskulatur der Hintergliedmaße. Wenn Sie diese Dehnung regelmäßig durchführen, wird die Beweglichkeit Ihres Hundes länger erhalten bleiben.

- Die meisten Übungen, die ich im Kapitel »Koordination« aufgeführt habe, fördern auch die Beweglichkeit. Isoliert kann man die Beweglichkeit nur eingeschränkt trainieren.

4.3. Wild drauflos – oder doch mit Trainingsplan?

Schön, nun haben Sie ganz viele Ideen und Übungen zur Hand. Da können Sie nun also sofort loslegen und schauen, was Sie so alles in eine Woche packen können. Oder etwa nicht?

Ich empfehle als Grundlage immer einen durchdachten Trainingsplan, denn der Trainingseffekt kann so deutlich gesteigert werden. Dazu sind aber ein paar Grundlagen und Begriffserklärungen nötig, die ich anhand eines Beispiels aus dem Ausdauersport (Schlittenhunde) aufzeigen möchte:

4.3.1. Untertraining

Wenn Sie Ihre Hunde ein Mal pro Woche einspannen, werden Sie nie eine bessere Fitness haben als zum Ausgangszeitpunkt. Nehmen wir an, Sie setzen den Trainingseffekt an einem Sonntag. Der Einbruch am Montag ist dann die Zeit, in der die Hunde regenerieren und die Muskulatur steif ist. Die Energiereserven müssen erst wieder aufgefüllt werden. Wenn nun aber die Regenerationszeit zwischen den Trainingsreizen zu lange dauert, wird keine Verbesserung der Körperkondition stattfinden.

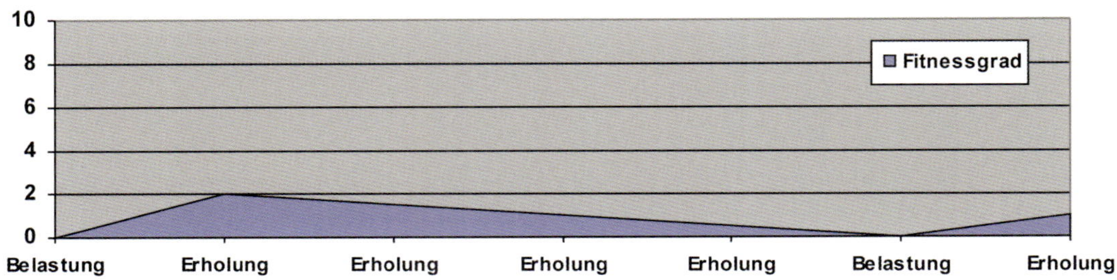

Untertraining

4.3.2. Übertraining

Ein besonders ehrgeiziger *Musher* (Schlittenhundesportler) will unbedingt an der Weltmeisterschaft ein gutes Resultat erzielen und beginnt schon im Vorjahr mit dem Training mit Ziel WM. Er spannt seine Hunde jeden Tag ein. Über Monate trainiert er die Hunde, ohne ihnen Zeit zur Regeneration zu geben. Die Intensität des Trainings steigert er rasch. Plötzlich bricht die Leistungszunahme ein. Er trainiert noch intensiver um das Defizit auszugleichen – bis gar nichts mehr geht.

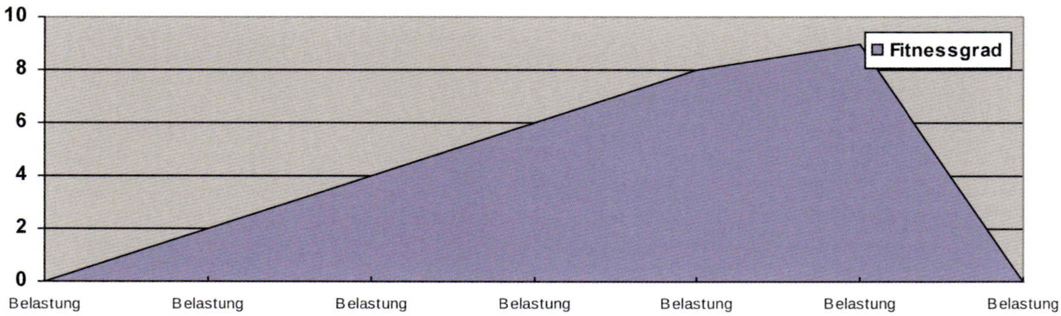

Übertraining

Wenn der Hund respektive die Hunde in dieses chronische Überlastungssyndrom geraten sind, befinden sie sich an einem absoluten Tiefpunkt. Aus diesem Loch wieder herauszufinden, ist eine große Aufgabe und kann viele Monate dauern. Ich kenne sogar Fälle, in denen die Hunde Jahre gebraucht haben, bis sie annähernd an die alten Leistungen anknüpfen konnten. Anzeichen von Übertraining können sich vielfältig äußern: stark eingeschränkte Leistungsfähigkeit, Freudlosigkeit, Verspannungen, hohe Verletzungsanfälligkeit, generelle Gereiztheit bis hin zu Appetitlosigkeit. Der einzige Weg aus diesem Tief ist eine mehrwöchige Trainingspause mit anschließender Phase von mehreren Wochen reiner Motivationsarbeit. Wählen Sie typische Cross-Trainingsarten, also komplementierende Sport- oder Betätigungsarten zum Haupteinsatz. Ein Schlittenhund kann gerne schwimmen gehen. Ein Agilityhund kann zum Beispiel als Ausgleichsarbeit Hüten oder Sie beim Fahrradfahren begleiten. Bei einem Schutzhund kann man durch ausgleichendes Agilitytraining die koordinativen Fähigkeiten verbessern. Zugleich wird durch die Andersartigkeit der Beschäftigung dem Hund viel Spaß geboten. Insbesondere diesem Aspekt sollte Gewicht beigemessen werden, sobald der Hund oder gar ein Team sich im Übertraining befindet. Jeder Hund hat eine Lieblingsbeschäftigung, versuchen Sie ihm Alternativen anzubieten, damit er nicht zu einseitig belastet wird. Gehen Sie locker mit ihm um, bestätigen Sie ihn sofort, sobald er wieder Freude an der Arbeit zeigt, nehmen Sie Druck von ihm weg.

Ein großes Problem stellt oft unsere Lebensweise dar: Viele Hundeführer betreiben den Hundesport als intensives Hobby. Haben sie etwas mehr Zeit, wie zum Beispiel am Wochenende oder in den Ferien, widmen sie sich ihrem Hobby noch intensiver als sonst. So hat der Hund selten echte, trainingsfreie Zeit. Aber auch Ihr Hund braucht Zeit, in der er sich erholen kann. Vergessen Sie dies bitte nicht! Ich empfehle, dem Hund pro Jahr insgesamt vier mal zwei Wochen trainingsfreie Zeit zu gönnen. Dies heißt nicht, dass er dann ein Leben als »Couch-Potato« fristen soll, sondern einfach, dass Sie ihm etwas mehr Freiheiten lassen. Lassen Sie in dieser Zeit jegliche Unterordnungsübungen weg (auch auf dem Spaziergang), gehen Sie mit ihm joggen, schwimmen, Fahrrad fahren oder gar wandern. Nach dieser Freizeit wird er deutlich konzentrierter und motivierter arbeiten. Am allerbesten schaltet man kurz vor wichtigen Wettkämpfen etwa vier solche Tage ein, ganz ohne Training. Sie werden sich über die Leistungssteigerung wundern!

4.3.3. Training nach dem Prinzip der Überlagerung (Superposition)

Die Trainingsreize werden an mehreren Tagen direkt hintereinander gesetzt. Anschließend schalten Sie zwei respektive drei Tage Regenerationszeit ein.

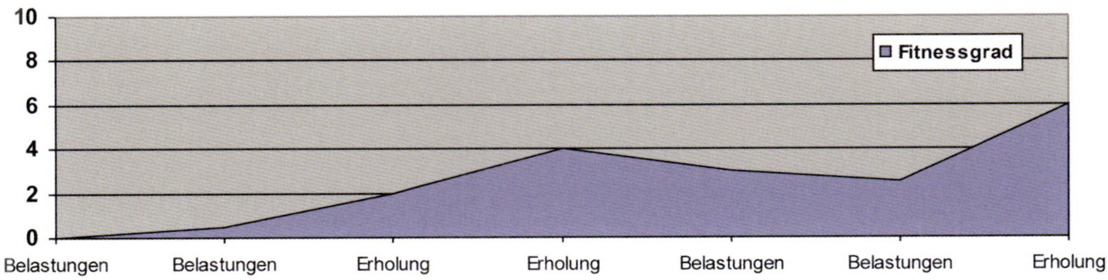

Training nach dem Prinzip der Überlagerung (Superposition)

4.3.4. Training nach dem Prinzip der genügenden Erholungsphase

Während der Tage, an denen Belastungsreize gesetzt werden, nimmt die gemessene Fitness zwar ab, aber in der Regenerationszeit macht sie einen großen Schritt voran. So nimmt die Fitness über die ganze Zeit gesehen stetig zu.

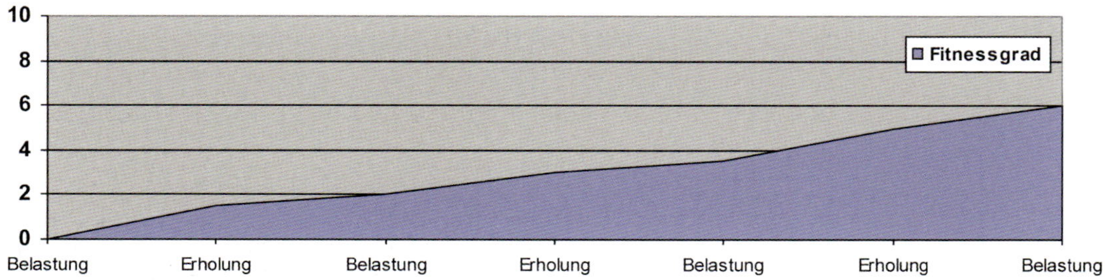

Training nach dem Prinzip der genügenden Erholungsphase

Der Körper hat stets Zeit, sich nach einer Belastung genügend zu erholen. So steigt der Fitnesslevel konstant an.

Für welche von den beiden effektbringenden Trainingsvarianten Sie sich entscheiden, ist natürlich vor allem von externen Faktoren abhängig, ebenso von Ihren Alltagspflichten und dem Trainingsangebot. Denn meist ist man doch auf geführtes Training und einen Trainingsplatz angewiesen. Nutzen Sie dieses Hintergrundwissen und planen Sie also dementsprechend die Trainingsreize, die Sie »frei« gestalten können. Überlegen Sie sich, wann Sie Ihrem Hund am besten aktive Erholung bieten können und wann Sie nebst dem geführten Training Zeit für ergänzendes individuelles Training haben.

Ideal ist es, zwischen den beiden Varianten alle drei Monate zu wechseln, da der Organismus sich schnell an eine regelmäßige Reizsetzung gewöhnt und zum Teil effizienter, also in unserem Sinne faul zu reagieren beginnt.

Anmerkung zur Erholung: Hierbei ist eine aktive Erholung gemeint. Der Hund soll also genügend Möglichkeiten haben, sich zu bewegen. Ideal dafür sind natürlich lockere Spaziergänge. Der Hund soll sich gut durch die Geruchseinflüsse durchschnüffeln dürfen und viele Freiheiten zum Spielen erhalten.

4.4. Ein Sportler wärmt sich auf und läuft aus

4.4.1. Aufwärmen / Warm Up

Egal, um welche Sportart es sich handelt: Kein guter, erfolgreicher Sportler dieser Welt würde das Aufwärmen auslassen. Dies ist für den Körper unerlässlich. Nicht nur die Muskeln, sondern auch der Herz-Kreislauf, die Gelenke mit Gelenkkapsel und der Bandapparat brauchen Zeit, um auf die vermehrte Belastung ideal vorbereitet zu sein. Lässt man diesen Prozess aus, wird dies zu akuten, oder gar zu chronischen Schäden führen.

Die Belastung während des Aufwärmens wird bei höchstens 50% der Maximalbelastung gehalten. Es sollen keine Ermüdungserscheinungen auftreten.

Aber nicht nur dieses aktive körperliche Aufwärmen, sondern auch das mentale Aufwärmen stellt einen wichtigen Teil der Trainings- respektive Wettkampfvorbereitung dar. Ritualisierte Abläufe und Konzentrationsübungen helfen dem Hund, sich auf die bevorstehende Arbeit einzustellen.

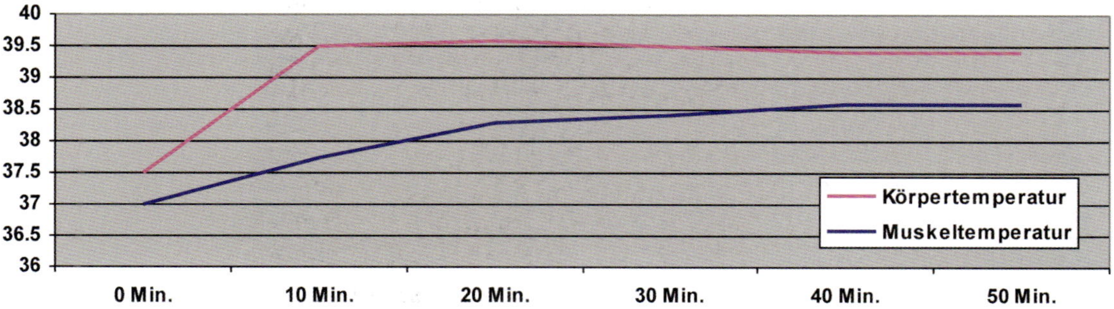

Temperaturschema Körper- zu Muskeltemperatur: Die Muskeln erwärmen sich langsamer.

Die Dauer des Aufwärmens ist abhängig von verschiedenen Faktoren. Hierbei spielen der Fitnessgrad, das Alter und das Wetter eine große Rolle. Die allgemeine Empfehlung liegt bei 7-15 Minuten für den Hund, für den menschlichen Sportler bei 10-20 Minuten.

Detaillierte Effekte des Aufwärmens:

- Die Körperkerntemperatur erhöht sich.
- Es findet eine Aktivierung des Herz-Kreislauf- und Atemsystems statt.
- Das belastete Gewebe wird besser durchblutet und somit besser mit Nährstoffen und Sauerstoff versorgt.
- Die Beweglichkeit nimmt zu, das Gewebe gleitet besser.
- Das Knorpelgewebe nimmt um etwa 30% Flüssigkeitsvolumen zu und wird dadurch elastischer und belastungsresistenter.
- Das Nervengewebe wird aktiviert und somit reaktiver.
- Die Konzentration und Reaktionsfähigkeit verbessern sich.

Alle diese Effekte reduzieren das Verletzungsrisiko. Der Körper wird besser auf die bevorstehende Belastung vorbereitet und kann sich später auch besser davon erholen. Von Dehnübungen vor der Belastung rate ich generell ab. Es besteht die Gefahr, dass die einzelnen Muskelfasern zu sehr auseinandergezogen werden und damit das Verletzungsrisiko wieder steigt. Ebenso halte ich nichts von »Ballwerfen« als Aufwärmübung. Diese Belastung ist zu wenig kontrollierbar, führt zu hoher Gelenkbelastung und fixiert den Hund auf die Beute respektive das Triebziel statt auf den Hundeführer.

Das Aufwärmen bereitet Sie und den Hund nicht nur körperlich, sondern auch mental auf den bevorstehenden Wettkampf vor.

Beispiel für ein Aufwärmen:

- zwei Minuten leichtes Traben
- zwei Minuten leichte Steigerungsläufe
- zwei Minuten leichte Gymnastik: zum Beispiel Beinslalom, Volten und Achterlaufen
- zwei Minuten Spiel mit schnellen Richtungsänderungen: zum Beispiel Fußlaufen mit Vorwärts-, Rückwärts- und Seitwärtslaufen
- zwei Minuten Konzentrationsübungen: zum Beispiel Augenkontakt halten im Wechsel zu schnellen Richtungswechseln

4.4.2. Abwärmen / Cool Down

Das langsame und schonende Auslaufen und »Abwärmen« stellt den Aufwärmmechanismus in umgekehrter Richtung dar. Am einfachsten besteht es aus lockerem Laufen und leichten Dehnübungen.

- Es sollen dieselben Muskelgruppen angesprochen werden, die während der vorangegangenen Tätigkeit belastet wurden.
- Ein gut durchgeführtes Cool Down reduziert die Schlackstoffe in der Muskulatur und fördert deren Abtransport. So wird die Regeneration eingeleitet und der Körper wird sich schneller erholen.
- Die Wahrscheinlichkeit eines Muskelkaters wird reduziert.

Konkret empfehle ich, nach der Belastung mit dem Hund etwa 10-15 Minuten leichtes Jogging zu praktizieren. Wenn irgendwie möglich, soll der Hund sich dabei frei ohne Leine bewegen können.

5 Der Sportler wird ernährt

5.1. Grundlagen

Über meine allgemeinen Gedanken zur Hundefütterung habe ich schon im Kapitel 3.2. »Er hat Hunger! – Fütterung im Baby- und Juniorenalter« geschrieben. Im folgenden Kapitel möchte ich Ihnen die Besonderheiten der Sportlerernährung erläutern.

Die Ernährung, die unserem Hund die Grundlage respektive die Energie liefert, die er für seine Existenz benötigt, spielt eine große Rolle. Der Verdauungstrakt besitzt die Fähigkeit, die Nährstoffe aus dem Futter herauszufiltern, aufzunehmen und dem Stoffwechsel zuzuführen. Dazu muss der Magen-Darm-Trakt eine große Oberfläche aufweisen und gut durchlässig sein. Dies erklärt aber auch, weshalb dieses Organsystem so störungsanfällig ist. Nicht nur die Nährstoffe, sondern auch unerwünschte Substanzen können auf diesem Weg schnell in den Stoffwechsel gelangen. Auch Infektionen setzen sich leicht fest und können verhindern, dass der Hund die benötigten Nährstoffe aufnehmen kann oder führen sogar dazu, dass der Körper ungenügend mit den für ihn wichtigen Stoffen versorgt wird. Schon geringe Verschiebungen im Elektrolythaushalt können große Auswirkungen auf den Körper und dessen Leistungsfähigkeit haben. Es würde zu weit führen, auch auf die Pathologie dieses Systems einzugehen, aber denken Sie stets daran: Solange der Magen-Darm-Trakt nicht vollkommen gesund ist, dürfen Sie von Ihrem Hund keine Leistung verlangen. Lassen Sie ihm Zeit zur Genesung und suchen Sie einen versierten Tierarzt auf, um dem Problem auf den Grund zu gehen.

Der Grundbedarf der Energieaufnahme errechnet sich aus dem Erhaltungsbedarf (die benötigte Energie, um Stoffwechsel, Kreislauf und Körpertemperatur aufrechtzuerhalten) und einer »Bewegung im normalen Rahmen«. Diese ist schwierig zu normieren und jeder hat eine andere Idee davon, was »Bewegung im normalen Rahmen« bedeutet. Es ist ein großer Unterschied, ob der Hund sich an einem trainingsfreien Tag nur im Haus und Garten aufhält oder ob mit ihm ein langer Spaziergang unternommen wird. Die gefütterte Menge richtet sich nach dem Alter, Geschlecht, Aktivitäts- und Fitnessgrad des Hundes und muss stets individuell ermittelt werden.

Ein weiterer, oft diskutierter Faktor: Kastrierte Hunde (Rüden und Hündinnen) haben einen tieferen Grundbedarf und neigen zu Übergewicht. Eine Reduktion der Futtermenge um etwa 20-25% direkt nach der Kastration verhindert eine Gewichtszunahme. Dies führt zwar durch die Hormonumstellung zu einem verminderten Sättigungsgefühl, somit steigt der Appetit, der Hund nimmt aber schlussendlich vom aufgenommenen Futter und nicht von der Kastration per se zu.

Nimmt der Hund zu, hat er eine zu hohe Energiezufuhr, nimmt er ab, ist die Energiezufuhr zu niedrig. Dies hört sich zwar sehr einfach und grundlegend an, muss aber immer wieder erwähnt werden.

Seien Sie sich bewusst: Sie können einem 20 Kilogramm schweren Hund nicht die doppelte Menge Futter eines zehn Kilogramm schweren Hundes füttern. Der Grundumsatz ist bei kleineren Hunden relativ gesehen höher. Ihr Puls, die Atemfrequenz und die Körpertemperatur sind höher. Dies bedeutet mehr Energieverbrauch. Auch können Sie sich nicht blind auf die Fütterungsangaben auf den Futtermittelpackungen der Hersteller verlassen. In der Regel sind die angegebenen Mengen zu hoch angesetzt.

Eine ausgewogene Ernährung ist die Grundlage eines gesunden Körpers.

Noch ein weiterer – in meinen Augen der wesentlichste – Punkt zu der Deklaration auf den Verpackungen: Die Inhaltsangaben sind in Prozenten angegeben. Aber bedenken Sie immer: Sie füttern keine Prozente, sondern Gramme. Wollen Sie also einzelne Futter vergleichen, müssen Sie zuerst ein paar Rechnungen vornehmen. Die effektiv gefütterte Menge richtet sich nach dem Energiegehalt. Da das Fett den Hauptenergielieferanten darstellt, können Sie sich also nach dessen Wert richten. Sie müssen also alle Futter, die Sie vergleichen wollen, auf den gleichen Wert des Fettes setzen. Dann rechnen Sie den Wert des Proteins aus. Erst dann sind die Futter vergleichbar.

Zum besseren Verständnis ein Beispiel:

Futter 1: 24% Protein, 12% Fett (in 100 g Futter 24 g Protein, 12 g Fett)

Futter 2: 28% Protein, 18% Fett (in 100 g Futter 28 g Protein, 18 g Fett)

Auf den ersten Blick meinen wir, mit dem Futter 2 mehr Proteine zu füttern, da der Prozentsatz ja höher ist als der im Futter 1. Machen wir aber zuerst die oben beschriebene Rechnung:

Fütterungsmenge Futter 1:

200 g am Tag, ich füttere also: 48 g Proteine und 24 g Fett

Will ich meinem Hund die gleiche Menge an Energie zuführen, muss ich das Futter 2 so umrechnen, dass ich auf 24 g Fett komme.
Also:

100 g Futter beinhalten 18 g Fett. Will ich 24 g Fett füttern, darf ich von diesem Futter 133 g füttern. (Nun wissen wir, weshalb wir in der Schule den Dreisatz üben mussten …) Rechnen wir nun noch die effektiv gefütterten Proteine um, so sind dies 133 g Futter à 28 % Protein -> 37,33 g Protein

Nun kehren wir wieder nach oben zurück:

Fütterungsmenge Futter 1:

200 g am Tag, ich füttere also: 48 g Proteine und 24 g Fett

Fütterungsmenge Futter 2:

133 g am Tag, ich füttere also: 37,33 g Proteine und 24 g Fett - also *weniger* Protein mit einem Futter, welches auf den ersten Blick *mehr* Protein zu beinhalten scheint. Dies meinte ich mit der Aussage: Wir füttern Gramme und nicht Prozente!

Mit diesen Rechnungen will ich Ihnen aufzeigen, dass wir die einzelnen Futter nur mit komplexen Rechnungen untereinander vergleichen können. Im ersten Moment wirken diese Zeilen sicherlich verwirrend auf Sie. Ich möchte Sie aber dazu ermutigen, sich die Zeit zu nehmen und diese Schritte ein paar Mal durchzurechnen. Sie werden sehen, es liest sich komplizierter, als es im Endeffekt ist.

5.1.1. Zu den einzelnen Inhaltsstoffen

Proteine / Eiweiß

Der größte Teil des Körpers besteht aus Proteinen. Sie gelten als Baustoffe des Körpers, sind in der Ernährung also unerlässlich. Proteine bestehen aus einzelnen Aminosäuren. Die genaue Zusammensetzung der Eiweiße entscheidet darüber, ob sie wertvoll sind oder mehr oder weniger nur als »Abfallstoffe« deklariert werden können. Die Inhaltsangaben in Prozenten sagen also sehr wenig über die Qualität der Proteine aus. Muskelfleisch und Fisch bestehen ebenso größtenteils aus Proteinen wie Haut, Horn und Fell.

Die Proteine sind wichtige Bauteile des Immunsystems, der Muskulatur, des Fells und des Horns – also der Krallen. Bei der Verstoffwechselung der Proteine entsteht zwar Energie, aber der Abbauprozess selbst braucht viel Energie auf. Proteine sollten also in der Aufbau- und Regenerationsphase erhöht zugeführt werden.

Lipide / Fette

Das Fett ist *der* Energielieferant des Hundes. Je länger eine Leistung vollbracht wird, desto mehr wird die Energie dafür aus dem Fett bezogen. Zusätzlich sind gewisse Fettsäuren wichtig für den Hormonstoffwechsel, da sie einen wesentlichen Bestandteil der Hormone selbst darstellen. Die meisten Organe sind von einem Fettmantel umgeben. Auch in der Haut bedeutet das Fett Schutz: Kälteschutz und Schutz vor Verletzungen. Wie bei den Proteinen ist die genaue Zusammensetzung wesentlich. Es gibt lang- und kurzkettige, gesättigte und ungesättigte Fettsäuren. Besonders wertvoll für den Organismus sind mehrfach ungesättigte Fettsäuren.

Der Unterschied zwischen Fett und Öl besteht im unterschiedlichen Schmelzpunkt. Ist eine wasserunlösliche Substanz bei Raumtemperatur fest, ist es ein Fett, ist sie flüssig, spricht man von Öl. Öle haben einen höheren Anteil an ungesättigten Fettsäuren.

Gewisse Fettsäuren können nicht vom tierischen Organismus selbst hergestellt werden. Sie müssen mit der Nahrung aufgenommen werden. Man nennt diese Fettsäuren »essenzielle Fettsäuren«.

Die Fettsäuren sind sehr thermolabil, das heißt, dass sie durch Erhitzung schnell zerstört werden. Dies ist der Grund, weshalb empfohlen wird, kaltgepresste Öle dem Futter zuzugeben, da diese die wertvollste Zusammensetzung haben. Das Verhältnis der Omega 6 und 3 Fettsäuren sollte ausgeglichen sein. Ideale Öle sind Fischöl, Leinöl und Distelöl.

Leider reagieren viele Hunde auf einen hohen Fettanteil im Futter mit dünnem, gelblichem Kot. Der Darm kann das Fett nicht genügend aufschlüsseln und aufnehmen. So gibt es Hunde, denen der Besitzer kaum genug Energie zuführen kann. Die Hunde sind sehr mager und der einzige Effekt der Futtererhöhung ist ein größeres Kotvolumen. Insbesondere stellt dies bei Hunden, die Ausdauerleistung vollbringen sollen, ein großes

Problem dar. Die Herausforderung besteht darin, einen Weg zu finden, dem Hund trotzdem genug Energie zuführen zu können. Meine erste Empfehlung dazu lautet: Füttern Sie ein Futter, das in Relation mehr Fett zu weniger Protein enthält. Ein weiterer Versuch besteht darin, Rinderfettpulver zuzumischen oder Fettmischungen in kleinster Menge beizumengen. Diese Dosis kann dann über etwa vier Wochen langsam gesteigert werden.

Kohlenhydrate / Zucker

Ganz im Gegensatz zum menschlichen Organismus spielen beim Hund Kohlenhydrate eine nebensächliche Rolle. Sie sind wichtig für die Funktion der Verdauung, indem sie die Quelle für Nahrungsfasern sind. Sie sind also Ballaststoffe. Diese quellen im Magen-Darm-Trakt und geben dem Hund ein Sättigungsgefühl. Die Bewegung des Darmes (Peristaltik) wird durch ebendiese Ballaststoffe angeregt. Ebenso helfen sie bei der Entwicklung der Bakterien, welche für die Verdauung unerlässlich sind (zum Beispiel Laktobazillen und probiotische Bifidobakterien). Diese helfen dem Darm, gesund zu bleiben und verhindern eine Überwucherung krankmachender Bakterien. Nahrungsfasern sind meist pflanzlichen Ursprungs und kommen im Getreide, Obst und Gemüse vor.

Als Energiequelle sind die Kohlenhydrate nur nebensächlich und kaum speicherbar. Sie sind für sehr kurzfristige, schnell verfügbare Energie verantwortlich. Sehr schnell stellt der Stoffwechsel auf Energieversorgung durch die Fette um.

Elektrolyte

Natrium, Kalium, Kalzium, Magnesium, Chlorid, Phosphat und Hydrogencarbonat

Sie sind für die Funktion der Zelle unabdingbar und sind in viele Vorgänge als Botenstoff von Zelle zu Zelle involviert. In verschiedener Zusammensetzung spricht man oft auch von Salzen.

Der Körper hat Überwachungsstationen, welche die momentane Elektrolytzusammensetzung messen. Falls nötig kann korrigierend eingegriffen werden – zum Beispiel wird Kalzium aus dem Knochen herausgelöst, damit mehr für die Zellen verfügbar ist. Nun muss aber die Aufnahme über die Nahrung und durch eventuelle ergänzende Gaben in der Trinkflüssigkeit ausgeglichen werden, damit die Speicher wieder aufgefüllt werden.

Ich rate dringend von Elektrolytlösungen ab, die für den Menschen entwickelt wurden. Sie enthalten in der Regel sehr viel Zucker (Glucose). Dieser wird den Insulinspiegel des Hundes kurzfristig in die Höhe treiben, um die »Zuckerflut« zu bekämpfen. Das Insulin lässt den Zuckerspiegel im Blut wiederum absinken. So laufen wir Gefahr, dass diese überschießende Reaktion im Endeffekt zu einer Unterzuckerung führen kann. Jagdhunde und deren Mischlinge sind hier durch genetische Prädisposition besonders gefährdet.

5.2. Sportlerernährung: Worauf es ankommt

Ernährung soll nicht nur Nahrungsaufnahme sein, hin und wieder darf sie einfach nur »Genuss« sein.

Der Bedarf für den Dienst- oder Sporteinsatz richtet sich natürlich generell nach der geforderten Leistungsart und -intensität des Hundes. Auch spielen hier wiederum das Alter, der Trainingszustand und weitere Faktoren eine Rolle. Hierfür verweise ich auf die beiden Kapitel 3.2. »Er hat Hunger, Fütterung im Babyalter« und 5.1. »Grundlagen der Ernährung«.

Einen entscheidenden Faktor stellt der Zeitpunkt der Fütterung und der Flüssigkeitsaufnahme in zeitlicher Korrelation zur Leistung dar. Der Hund soll weder mit einem Hungergefühl oder gar in einer Unterversorgung, aber auch nicht mit vollem Bauch in der Verdauungszeit eine Leistung erbringen müssen. Wenn das ganze Blut im Magendarmtrakt versackt, ist die Durchblutung der Muskulatur und der Haut nicht mehr gewährleistet. Dies kann insbesondere zu Problemen in der Leistung, aber auch in der Kühlung des Körpers führen.

Belastungsschwerpunkt Schnellkraft und Kraft:

In der Aufbauphase müssen genügend Proteine zugeführt werden. Ich empfehle hier ein gutes, ausgewogenes Futter für aktive bis sehr aktive Hunde. Später, sobald der Hund seine Muskelkraft aufgebaut hat, kann und soll sehr bald wieder auf normales Futter umgestellt werden. Nur in intensiven Trainings- und Wettkampfzeiten (zum Beispiel während einer Trainingswoche) soll dem Hund ein sogenanntes Hochleistungsfutter angeboten werden. Erhält der Hund zu viele Proteine, welche er nicht für den Muskelaufbau braucht, muss er diese mit großem Stoffwechselaufwand umwandeln und über die Niere ausscheiden. Oft beobachte ich bei Hunden mit einer Proteinüberversorgung Hautprobleme und etwas weniger häufig, aber dennoch nicht selten, Nieren- und Blasensteine. Diese entstehen durch eine Übersättigung des Harns mit spezifischen Stoffen, welche direkt mit den Proteinen in Verbindung gebracht werden können. Eine genügende Wasseraufnahme bei hoher Proteinzufuhr ist wichtig. Animieren Sie Ihren Hund, genügend zu trinken. Fügen Sie der Mahlzeit viel Wasser hinzu. Ebenso würde ich in der Phase der erhöhten Proteinzufuhr dem Hund eine Zwischenmahlzeit, eine sogenannte »Suppe«, anbieten. Gewöhnen Sie den Hund von klein auf daran. Dies kann auch wertvoll sein, wenn besondere klimatische Bedingungen wie extreme Hitze oder Kälte auftreten.

Zusammensetzung der »Suppe« zur vermehrten Flüssigkeitsaufnahme:

200ml Wasser pro zehn Kilogramm Körpergewicht
2 Teelöffel Nassfutter für Hunde

Belastungsschwerpunkt Kraftausdauer und Ausdauer:

Wird Ihr Hund speziell Ausdauerleistung vollbringen, sollten Sie sich auf eine genügende Zufuhr von Fett konzentrieren. Wie ich Ihnen aufgezeigt habe, sagt die Gesamtmenge nicht viel über die Qualität des Fettes aus. »Viel Fett« ist nicht gleich »viel Fett«. Informieren Sie sich also über die genaue Zusammensetzung des Futters. Forschen Sie nach, welche Öle und Fette im Futter enthalten sind.

Gerne wird zu schnell auf ein Hochleistungsfutter zurückgegriffen, obwohl der Hund noch ausreichend mit normalem Adultfutter versorgt werden könnte. Ich empfehle erst ab einer Arbeits- respektive Trainingsbelastung von etwa fünf Stunden pro Woche ein Hochleistungsfutter. Ebenso gibt es Individuen, welche schon ohne besondere Belastung Probleme damit haben, genügend Energie aufzunehmen. Dies sind aber Fälle, welche man gesondert betrachten muss und eine Beratung zuziehen sollte.

Die ideale Zusammensetzung eines Futters für Ausdauerleistung setze ich bei etwa 28% Protein und 20% Fett an. Der Fettgehalt soll also recht hoch sein. Im Speziellen in der Ausdauerleistung muss unbedingt auf genügend Wasserzufuhr geachtet werden. Oben habe ich Ihnen dafür ein Rezept »Suppe« zur Hand gegeben. Belasten Sie Ihren Hund stark, dann fügen Sie noch einen Teelöffel Elektrolytlösung (für den Hund entwickelt!) hinzu.

6 Die Karriere läuft

Sie haben nun also Ihren perfekten Sportpartner oder Dienstkollegen gefunden, ernähren und trainieren ihn auf Ihre gemeinsamen Ziele abgestimmt. Ihnen stehen wunderbare Jahre des Ruhmes und der Ehre bevor. Und dann, beim ersten Wettkampf versagen die Nerven, beim ersten Ernsteinsatz will Ihr sonst so zuverlässiger Diensthund sich nicht von Ihnen lösen. Oder er zeigt einen Figuranten im Gebäude nicht an, obwohl er ihn in die Nase bekommen hat. Alles umsonst? Nur Frustration?

Nein, Sie haben einfach das Buch zu früh zur Seite gelegt oder vielleicht eines der wichtigsten Kapitel übersprungen. Unabdingbar für eine gute Zusammenarbeit ist das mentale Training, die Stressresistenz. Das »sich blind vertrauen und aufeinander verlassen können«, die Fähigkeit mit Fehlschlag und Frust umzugehen.

Eine enge Bindung ist die Voraussetzung einer langen Karriere.

Zusätzlich müssen Sie Ihrem Hund unbedingt genügend Zeit und Möglichkeit zur Regeneration bieten. Kann sich Ihr Hund nur ungenügend erholen, wird seine Motivation und damit auch seine Leistung schnell abnehmen. Dieses Kapitel über Stress und Regeneration liegt mir besonders am Herzen. Sie werden auf Dauer viel mehr Spaß an der Arbeit mit Ihrem Hund haben – und er mehr Spaß an der Arbeit mit Ihnen, wenn Sie sich folgende Zeilen verinnerlichen und mit sich selbst ehrlich sind!

6.1. Wettkämpfe und Stress – wir behalten die Nerven

Stress ist ein übererregter Zustand. Der Körper reagiert auf verschiedene Stressoren.

Nach der Wahrnehmung der Stressreize reagiert der Körper mit einer Hormonausschüttung. Der Blutdruck steigt. Der Herzschlag sowie die Atmung beschleunigen sich. Die Durchblutung der Skelettmuskulatur verstärkt sich. Der Körper ist auf alles vorbereitet: »Flight or Fight« – auf Deutsch: »Flucht oder Kampf«.

Stressoren nennt man alle Reize und Belastungen, die – auch bei unseren Hunden – zu Stressreaktionen führen können. Es sind die psychischen Reize wie Angst und Freude, aber auch physikalische Reize wie Kälte oder Hitze, chemische Reize wie Gifte, biologische Reize wie Entzündungen und Infektionen, Krankheiten und abschließend auch physiologische Reize, die von körperlicher Belastung und Schmerzen herrühren können.

Leider sieht man auf vielen Ausbildungsplätzen immer noch oft gestresste Hundeführer und daraus resultierend auch gestresste Hunde. Dieser Zustand entsteht oft, weil das Problem »Stress« nicht erkannt wird. Ich selbst hatte einen enorm stressanfälligen Hund (eine Malinoishündin, welche als Welpe eine Hirnhautentzündung hatte und intensiv therapiert und einzeln aufgezogen wurde) und musste lernen, damit umzugehen und gute Wege zur Therapierung zu finden. Da ich mich schon seit über zehn Jahren intensiv mit diesem Thema auseinandersetze, werde ich oft von Hundeführern aus ganz Europa wegen dieses Problems kontaktiert und um Rat gefragt. Daher ist es mir ein großes Anliegen, Ihnen – Hundehaltern, Hundeführern und Züchtern – mehr Wissen über Ihre Vierbeiner und ihr Stressverhalten zu vermitteln. So können Sie früher erkennen, was in Ihrem Hund vorgeht und dementsprechend richtig und gezielt vorsorgen. Nur so kann das Team entweder gar nicht erst in den Teufelskreis geraten oder schneller aus ihm herausfinden, bevor sich ein kurzfristiges Problem als Verhaltensstörung verankert.

Es soll hier aber nicht nur um den negativen Stress gehen, den sogenannten *Distress*, sondern auch um den positiven *Eustress*, der uns und unsere Hunde zu Maximalleistungen beflügeln kann. Diese Art Stress wirkt stimulierend auf das Individuum. Eustress wird als »Kick« empfunden und viele Menschen suchen ihn bewusst, besonders bei Freizeitvergnügen wie Fallschirmspringen, Tauchen oder Riverrafting.

Was ist denn so schädlich am Stress für Mensch und Tier? Ob ein Stress von Eustress zu Distress werden kann, bestimmt entscheidend die Dosis und wie lange der Stressor auf ein Individuum einwirkt.

Bei schwacher oder nur selten anfallender Belastung kehrt der Organismus rasch wieder zum Normalzustand zurück. Wird Mensch oder Hund jedoch lange sehr schweren Belastungen ausgesetzt, verändert sich der psychologische Zustand des Körpers. Die immunologische Widerstandskraft, ja sogar die Fruchtbarkeit sinken.

Die Fähigkeit, auf einen Stressor zu reagieren und damit umzugehen, ist von Hund zu Hund verschieden stark ausgeprägt. Genetik, Sozialisierung und Haltung im Familienrudel spielen auch bei der Stressbewältigung eine große Rolle. Rasse, Zuchtlinien und direkte Elternpaarung sind von Bedeutung. Man nimmt an, dass ungefähr 30 Prozent der Stresstoleranz vererbt werden. Natürlich sind auch Sozialisierung und eine gut verlaufene Prägungsphase hilfreich gegen übermäßige Stressanfälligkeit. Schon der Welpe lernt, dass es im Leben Stressoren gibt. Er macht sich ein Bild davon, was für ihn normal ist oder nicht. Der Hund sollte schon früh lernen, Umweltreize wahrzunehmen. Viele Lücken, die im Welpenalter entstehen, können nach der Prägungsphase nicht mehr geschlossen werden. Der Welpe orientiert sich an der Stressdisposition der Mutterhündin – reagiert sie schreckhaft auf Reize und Stress, wird er es nachahmen.

Ein weiterer Faktor liegt darin, ob der Hund die Chance erhält, durch klare Rudelstrukturen eine höhere Belastbarkeit entwickeln zu können. Wenn Rudelführer in einer Situation schnell die Fassung verlieren, wird es der Hund auch bald tun. Bleibt der Hundeführer dagegen ruhig, wird sich auch der Hund sicherer fühlen und weniger stressanfällig sein.

Ein ausgeglichener, fairer Hundeführer gibt dem Hund den Halt, um auch in stressigen Situationen ruhig zu bleiben.

Wenn der Hund öfters und rasch in Stressreaktionen fällt, sollte der Hundeführer mit ruhigem, bestimmtem Umgang die Nerven seines Hundes stützen. Der Hund sollte stereotype Abläufe, Aufgaben und Strukturen in seinem Tagesplan erhalten. Alle Übungen sollten immer gleich und ritualisiert ablaufen. Das ruhig Wiederkehrende wird für den Hund vorausschaubar und gibt ihm Sicherheit. Wichtig sind immer gleiche Kommandos wie Hör- und Sichtzeichen, gleiche Reihenfolge, gleiche Ausführung. Bei mehrstufig aufgebauten Übungen müssen Sie notfalls einen Lernschritt zurückgehen oder von Neuem beginnen.

Einen Sonderfall stellen mit der Flasche aufgezogene Welpen dar. Sie gelten als stressanfälliger in späteren Jahren. Beim Säugen wird von der Mutter ein Geruchshormon (Pheromon) ausgeschüttet, das auf den ganzen Wurf wirkt. Durch den Geruch lassen sich Mutter und Geschwister erkennen und beruhigen. Die Welpen schlafen dann meist ein, das Hormon bewirkt ein Glücksgefühl und beruhigt. Inzwischen gibt es sogar Halsbänder, die synthetisch hergestellte Pheromone abgeben und somit ausgleichend auf den Hund wirken. Dieses Geruchshormon bietet Sicherheit und Behaglichkeit. Oftmals kann beobachtet werden, dass Hunden, welche dieses Halsband tragen, von den anderen Hunden mehr Freundlichkeit entgegengebracht wird. Dies ist meines Erachtens eine der Hauptwirkungen dieser Halsbänder und der Hund macht schon von Welpe an mehr positive und weniger negative Erfahrungen im Umgang mit seinen Artgenossen. So könnte auch erklärt werden, weshalb Hunde, die diese Bänder in den ersten Lebensmonaten tragen, besser sozialisiert sind.

Konkret für den Sport- oder Diensthund bedeuten all diese Fakten also:

- Suchen Sie sich einen Welpen aus, dessen Mutter nicht übermäßig stressanfällig ist.
- Geben Sie ihm von Anfang an klare Strukturen und eine klare Rangordnung.
- Bleiben Sie selbst ruhig und souverän – unterlassen Sie also auch negative emotionale Einwirkung auf den Hund. Kein Alpharüde leitet sein Rudel mit Hektik und Herumgebrülle.
- Strukturieren Sie Ihren Tagesplan möglichst klar und für den Hund durchschau- und voraussehbar.
- Ritualisieren Sie Abläufe im Alltag.
- Ritualisieren Sie die Abläufe innerhalb des Trainings inklusive der Vorbereitung.
- Zerlegen Sie, so gut es geht, die einzelnen Übungen in Einzelteile und üben Sie diese ein, bis sie gefestigt sind. Erst dann setzen Sie die Übung als Ganzes zusammen.
- Ob Wettkampf im Sport oder Ernsteinsatz im Dienst: Durch die ritualisierten Abläufe im Training kann der Hund auf seine Erfahrungen zurückgreifen. Versuchen Sie selbst durch Mentaltraining stressresistent zu werden. Ändern Sie keinesfalls Ihre eintrainierten Abläufe.

Eine gute Vorbereitung des Hundeführers ist die Grundlage des erfolgreichen Wettkampfes. Der Hundeführer geht vor dem Wettkampf den Ablauf des Parcours im Kopf noch einmal durch.

Stress des Hundeführers:
Mancher Spitzensportler gibt ein klares Statement ab: Die mentale Stärke macht über 50% der Leistung im Wettkampf aus. Es gibt einzelne Trainer und Sportler, die gar von 80% sprechen. Wie viel auch das Mentaltraining ausmacht und wie viel vom Athleten selbst im »Rucksack« als Fähigkeit mitgebracht wird – jeder soll dahin bestrebt sein, seine mentalen Fähigkeiten zu nutzen und zu verbessern. Es gibt gute Literatur darüber und inzwischen werden sogar auch spezielle Kurse für Hundeführer angeboten. Das Ziel des Mentaltrainings ist kurz zusammengefasst: Der Hundeführer ist fähig, auch unter erschwerten Bedingungen zu fokussieren, sich zu konzentrieren und optimistisch zu denken.

Da sich unsere Körpersprache und sogar unsere Stimmlage unter Stress stark verändern, sind wir für den Hund nicht immer gleichermaßen interpretierbar und verlässlich verständlich. Wir sprechen in einem fremden Dialekt oder je nach Ausmaß unserer Reaktion sogar in einer Fremdsprache. Der Hund versteht uns nicht mehr und kann so halt- und führungslos werden. Wir strahlen Aufregung aus – der Hund wird dies übernehmen. Es gilt also, uns bewusst zu stärken.

Es hat sich sehr bewährt, dennoch den Hund an unsere »gestresste Wirkung« langsam heranzuführen. Denn es wird uns nicht immer gelingen, die Nerven komplett ruhig zu halten. Es gilt also, künstlich den »Stresszustand« herbeizuführen.

Eine Möglichkeit besteht darin, den Puls hochzubringen. Zum Beispiel schalten Sie ein kurzes Lauftraining vor einer Trainingssession ein. Gehen Sie mit Ihrem Hund 10 Minuten intensiv laufen und hängen direkt nach einer etwa halbminütigen Konzentrationsphase eine Übung an. Sie werden sehen, dass Sie selbst koordinativ und in der Konzentration nicht mehr so rund funktionieren, wie Sie es von sich gewohnt sind.

Ein anderer Weg, Stress zu provozieren, kann darin liegen, den Hundeführer während einfacher Übungen mit simplen Denkaufgaben abzulenken. So lernt der Hund die Situation kennen, dass der Hundeführer abgelenkt und nicht immer voll auf ihn konzentriert ist. Der Hund wird lernen, etwas selbständiger zu arbeiten. Er soll und muss lernen, nicht gleich in den Zustand des Distress zu verfallen. Wenn man solche Situationen mehrfach im Training provoziert, wird eine dementsprechende Gewöhnung stattfinden. Es geht nicht darum, den Hundeführer ganz abzulenken, sondern seine Konzentration zu stören. Dadurch gerät er in Stress und dementsprechend verändert sich seine Stimmlage und Körpersprache.

6.2. Regeneration

Generell gilt: Die Regeneration in richtigem Maß und richtiger Gestaltung ist genauso wichtig wie die Trainingseinheiten selbst. Erhält der Körper zu wenig Zeit, sich zu erholen, wird er zu rebellieren beginnen.

Die Energiedepots werden ungenügend aufgefüllt, der ganze Körper baut sich ab statt auf und die Motivation in der Arbeit wird langsam sinken. (Vgl. auch Kapitel 4.3. »Wild drauflos oder doch mit Trainingsplan?«, Abschnitt Übertraining).

Unter Regeneration und aktiver Erholung wird in der Sportmedizin verstanden:

- Prozesse, um den Zustand des körperlichen Gleichgewichts wiederherzustellen
- Angefallene Stoffwechselprodukte können abgebaut und ausgeschieden werden
- Ersatz verbrauchter Stoffe (Ernährung, eventuell spezifische Zusätze)
- Steigerung des subjektiven Wohlbefindens
- Bedarf wird durch Dauer und Intensität der Belastung beeinflusst

Lassen Sie Ihren Hund viel trinken und ernähren Sie ihn proteinreich. Dies kann helfen, Muskelschäden zu verhindern. Direkt nach der Belastung wird oft keine feste Nahrung vertragen, bieten Sie Ihrem Hund leicht verdauliche und kleinste Portionen, anfänglich sogar eine Suppe an.

Ebenso sollten Sie die Möglichkeit einer lockeren körperlichen und psychisch motivierenden Bewegung geben, wie zum Beispiel Spaziergänge oder leichte Fahrradtouren. Dies beschleunigt den Abbau und das Ausscheiden entstandener Schlackstoffe und anderer angefallenen Stoffwechselprodukte.

In der Phase der Regeneration kann der Körper erst das vorangegangene Training verarbeiten und dementsprechend Gewebe erneuern und zubilden (als Beispiel erwähne ich hier die Muskulatur). Es ist also kein Scherz, wenn behauptet wird, dass die Muskulatur im Schlaf an Umfang zunimmt.

Beispiele zur Gestaltung der aktiven Regeneration: Spaziergänge, Spielzeit/Herumtoben mit anderen Hunden, Spielzeit/Herumtoben mit dem Hundeführer, leichtes Schwimmen, Tricktraining, Fahrradtouren (mit Freilauf, ohne Zugtraining), spielerische Einlagen auf dem Spaziergang wie Balancieren auf gefällten Bäumen, Futtersuche im Unterholz.

Manchmal reicht ein »einfacher« Spaziergang unter Hundefreunden, um den Kopf zu leeren und wieder zu neuer Kraft zu finden.

Immer wieder fallen mir Hundeführer auf, die den Hund auch auf dem Spaziergang dauerhaft in Unterordnung nehmen und dauernd am Verhalten des Hundes etwas auszusetzen haben. Lassen Sie ihn doch einfach mal Hund sein. Er soll zum Beispiel auch länger an einem Ort schnüffeln dürfen, er wird nämlich seine Gründe dafür haben. Auch soll er doch hin und wieder im Unterholz stöbern dürfen. Leider wird von solchen Hundeführern auch oft der Sozialkontakt unterbunden. Mit der Ausnahme, dass es sich um einen ausgeprägten Jäger, der nicht mehr abrufbar ist, oder einen Raufer, welcher nicht mit anderen Hunden freigelassen werden kann, handelt, heißt dies: geben Sie Ihrem Hund so viele Freiheiten wie möglich. Natürlich immer nur so viele, dass weder andere Hunde, Personen noch Tiere darunter leiden. Ganz nach dem Motto: Die eigene Freiheit hört dort auf, wo sie die Freiheit des anderen beschneidet.

Direkt nach intensiver Belastung wirkt Kälte neuesten Studien zufolge besser als Wärme. Wärme ist aber besser, als nichts zu tun. Nach starker Belastung können Sie Ihren Hund also mit Kühlbeuteln streichend massieren oder aber, falls er gerne ins Wasser geht, ihn im kalten Wasser eines Sees oder Baches etwas schwimmen lassen. Diese Anwendung kann drei Mal 4-10 Minuten lang durchgeführt werden. Dies entspannt die Muskulatur, wirkt Entzündungen entgegen und stärkt das Immunsystem.

Spielen, Toben und Zeit, um einfach nur »Hund zu sein«, muss als Ausgleich genügend geboten werden.

Auf einen intensiven Trainingsreiz sollte eine ruhige Phase folgen. Wird an aufeinanderfolgenden Tagen trainiert, braucht der Sport- respektive Diensthund dementsprechend eine längere Regenerationszeit. Wird jeden zweiten Tag trainiert, sollte dazwischen jeweils aktive Erholung geboten werden. Nicht zuletzt profitieren Körper und Geist von der Einhaltung dieser Regel.

6.3. Rückschläge

Zu jedem erfolgreichen Sportler gehören kleinere, aber manchmal leider auch größere Rückschläge. Die Kunst besteht darin – wenn man einen Leistungseinbruch bemerkt – sofort die Ursache(n) zu eruieren und korrigierend einzugreifen.

Zur Analyse rate ich zum Abarbeiten einer kurzen Checkliste:

- Finde ich einen offensichtlichen, kurzfristigen Grund für unseren einmaligen Rückschlag (z.B. kurz vor Aufnahme der Arbeit, Konflikt unter Hunden, Läufigkeit etc.)?
- Könnte mein Hund an Schmerzen oder einer Krankheit leiden?

- Stand ich als Hundeführer stärker unter Druck als üblich?

- War ich als Hundeführer abgelenkt?

- War mein Hund abgelenkt? (Oft handelt es sich hier nicht um offensichtliche Störfaktoren, manchmal reichen kleine Auslöser.)

- Wie war mein Hund zum Zeitpunkt der Leistung mit Futter und/oder Wasser versorgt?

- Wie war ich selbst zum Zeitpunkt der Leistung mit Nahrung und/oder Flüssigkeit versorgt?

Hier eine Checkliste für die Kurzanalyse einer ganzen Misserfolgs-Serie, also weiterführend, wenn der Leistungseinbruch über längere Zeit anhält:

- Überfordere ich meinen Hund? Ist die geforderte Leistung dem Trainingsstand überhaupt angepasst?

- Besteht zwischen mir und meinem Hund eine gute Bindung? Aus welcher Motivation heraus erledigt mein Hund seine »Arbeit« unter Stress? (Videoanalyse, z.B. achten auf Meideverhalten / Übersprunghandlungen.)

- Habe ich selbst ein Problem mit Nervosität und Stress?

- Hat mein Hund eventuell chronische gesundheitliche Probleme?

- Versorge ich meinen Hund genügend mit den richtigen erforderlichen Nährstoffen und mit ausreichender Flüssigkeit vor der jeweiligen Leistung?

- Sind meine Trainingsmethoden für meinen Hund »die richtigen«? Hat mein Hund die richtigen Verknüpfungen gebildet – respektive: habe ich ihm diese korrekt vermittelt?

- Stehen die Trainingsreize und die Regenerationszeiten in einem guten Verhältnis?

Diese Punkte sind nur ein paar Denkanstöße. Es grenzt an detektivische, akribische Arbeit, den entscheidenden Punkt zu finden. Sie werden selbst gemerkt haben, dass es kaum möglich ist, sich selbst so gut zu beobachten und zu beurteilen. Ich empfehle immer, mindestens zwei Kollegen oder Fachpersonen aus dem eigenen Fachbereich und einen aus einem völlig anderen Hundesportbereich beizuziehen. Falls es nicht möglich ist, die hinzugezogenen Personen die Misserfolgssituation live miterleben zu lassen, was ja meistens der Fall sein wird, arbeiten Sie wohl am besten mit Videoanalyse. Treffen Sie sich ein paar Mal und analysieren Sie die Aufnahmen. Dies kann aber nur dann fruchten, wenn Sie mit Kritik und Änderungsvorschlägen umgehen können und effektiv etwas bewegen wollen. Selbstkritisch zu sein ist schwierig, Kritik von außen annehmen zu können noch schwieriger. Sehen Sie es aber als Chance und seien Sie sich gewiss: *Jeder* Sportler hat ein Team, welches mit ihm gemeinsam auf ein Ziel hinarbeitet. Je komplexer die Aufgabenstellung, desto größer die Verantwortung des Beraterteams. Jemand, der von niemandem gecoacht werden will, da er ja schon alles zu wissen glaubt, wird sich fast nicht oder nur sehr langsam weiterentwickeln.

Genügend Erholungszeit kann während des Trainings und während eines längeren Rennens über Sieg oder Niederlage entscheiden.

Ich selbst wurde schon oft hinzugezogen und es war jeweils sehr spannend herauszufinden, was bei eben diesem Team schief lief. Noch spannender ist es dann, die Schlüsse daraus zu ziehen und die Änderungen umzusetzen. Oftmals braucht es nicht viel. Manchmal reichen ein paar Mentaltrainingsstunden des Hundeführers, meist aber hat der Hund ganz einfach chronische Gesundheitsprobleme. Es kommt sogar vor, dass solche Hunde voruntersucht und als gesund und/oder schmerzfrei befunden werden.

Also lohnt es sich auch hier – sofern das Bauchgefühl Ihnen etwas anderes sagt – hartnäckig zu bleiben und eventuell eine Zweitmeinung bei einem Spezialisten einzuholen.

Im schlimmsten Fall kommt bei der Analyse heraus, dass Sie mit Ihrem Hund im falschen Arbeitsbereich gelandet sind. Nicht jeder Malinois ist uneingeschränkt für den Schutzdienst geeignet, wie auch nicht jeder Border Collie unbedingt für Agility geeignet sein muss. In einem solchen Fall muss man sich einem anderen Sport zuwenden, den Hund also anderweitig auslasten, oder sich im schlimmsten Fall von ihm trennen und einen tollen Lebensplatz suchen, an dem er auf seine Kosten kommt. Es ist weiser, sich zu einem solchen Schritt durchzuringen, als den Hund auf einem Abstellgleis zu parken, weil man sich nicht die Blöße geben will, einem Hund nicht gerecht werden zu können. Handeln Sie immer im Sinne Ihres Hundes. Er wird auch in einer anderen Familie glücklich sein können, wenn nicht sogar glücklicher.

Es kann unter Umständen sehr schwierig sein, anzunehmen, was bei der Kurzanalyse herauskommt und dementsprechend Änderungen umzusetzen. Aber Sie werden sehen: Die Arbeit respektive der Sport machen Ihnen und Ihrem Hund ganz schnell wieder viel mehr Spaß. Somit stellt sich alsbald die alte Leistung wieder ein.

7 Der Sportler verletzt sich

7.1. Typische Sportverletzungen

Hier sind ganz parallel zur Humanmedizin die akuten und chronischen Verletzungen am Bewegungsapparat aufzuführen. Jede Struktur, die belastet wird, kann Schaden nehmen:

- Muskulatur: Entzündungen, Zerrungen und Risse
- Sehnen: Entzündungen, Teilrisse und Durchtrennungen, Sehnenscheidenentzündungen
- Bänder: Entzündungen, Überdehnungen und Risse
- Knorpel: Risse und Absplitterungen (»Chip«)
- Knochen: Entzündungen, Fissuren (Einrisse) und Frakturen (Brüche), besonders zu erwähnen: Ermüdungsfrakturen

Verletzungen am Bewegungsapparat entstehen dann, wenn der Körper inadäquat belastet wird. Entweder kommt diese Belastung respektive Einwirkung von außen, oder sie entsteht aus der Bewegung des Hundes selbst.

Dazu zwei Beispiele aus meiner Praxis:
Ein Schlittenhund tritt in höchstem Tempo neben den gefestigten Trail in den Tiefschnee. Das Vorderbein bleibt im Schnee hängen und kann nicht schnell genug wieder vorgeführt werden. Daraus entsteht eine Schulterverletzung. Das Gelenk wird überstrapaziert, die Gelenkskapsel kann reißen, Bänder, Sehnen mit ihren zugehörigen Muskeln werden traumatisiert. Im schlimmsten Fall kann sogar ein Stück Knorpel oder gar Knochen absplittern. Der Schweregrad der Verletzungen steht im direkten Zusammenhang mit der Krafteinwirkung durch das Abbremsen der Gliedmaße im Schnee. Der Trainingszustand und die koordinativen Fähigkeiten, wie gut sich der Hund aus der Situation »retten« kann, können sich positiv auswirken. Ist zum Zeitpunkt des Missgeschicks zudem das Gewebe gut durchblutet und geschmeidig (also gut aufgewärmt), kann der Körper viel mehr wegstecken und es entstehen weniger schwerwiegende Verletzungen. Zudem hatte der Schlittenhundeführer die Verletzung sofort erkannt, den Hund auf den Schlitten geladen und ihn im Ziel gleich dem Renntierarzt präsentiert, der eine direkte Diagnosestellung und Versorgung der Verletzungen einleiten konnte. So hatte der

Schlittenhund in unserem Beispiel viel Glück: lediglich die Bizepssehne war angerissen und die Sehnenscheide traumatisiert. Nach wenigen Wochen mit entzündungshemmenden Medikamenten und physiotherapeutischen Maßnahmen konnte der Hund wieder voll ins Training einsteigen.

Sport und Spiel im Schnee machen Spaß, bringen aber auch Gefahren mit sich.

Ein anderes Beispiel: Ein Hundeführer wird mit seinem Diensthund zu einem Einsatz gerufen. Er muss ein Industrieareal nach einem flüchtenden Einbrecher absuchen. Der Hund ist durch die Alarmfahrt ziemlich aufgeregt und startet »kalt« in einem hohen Tempo (durch das weite und übersichtliche Gelände bedingt) in seine Suche. Ein paar Minuten später wird er fündig und stellt den Täter durch Verbellen. Dieser kann problemlos festgenommen werden. Schon beim Abtransport zu den Dienstwagen fällt dem Hundeführer auf, dass sein Hund ein Hinterbein entlastet. Er verständigt unsere Praxis und bald darauf kann ich den Hund untersuchen. Bei seinem Kaltstart hat er sich einen Teilabriss an der Achillessehne zugezogen, welche sofort versorgt werden kann. Nach einer sechswöchigen Regenerationszeit kann der Hund seinen Dienst wieder aufnehmen.

In solchen Fällen kann der Hund natürlich schlecht oder eben gar nicht aufgewärmt werden. Der Hund war zum Zeitpunkt des Unfalls leider eher untrainiert und ziemlich übergewichtig, was bei Diensthunden selten vorkommt. Doch diese zusätzliche Belastung kann schon auch eine Ursache dafür sein, dass er sich so schwer an der Sehne verletzt hat. In der Erholungszeit wurde eine strikte Diät durchgeführt und mit dem Hundeführer ein Trainingsplan aufgestellt. Von nun an wurde mit ihm gejoggt, regelmäßig auf dem Hundesportplatz trainiert und so oft wie möglich geschwommen. Und nun verrichtet er – diesmal mit athletischerem Köper – wieder munter seinen Dienst und wird sich hoffentlich nicht mehr so schnell verletzen.

Anhand dieser Beispiele können Sie erkennen, dass eine Verletzung meist aus verschiedenen Faktoren entsteht. Ebenso wird der Schweregrad meist auch mit dem Fitnesszustand des Hundes zusammenhängen. Nach dem Studium dieses Buches werden Sie in der Lage sein, Ihrem Hund die bestmögliche Betreuung zu bieten, sodass die Wahrscheinlichkeit von Verletzungen möglichst gering gehalten werden kann. Sollte sich Ihr Hund dennoch verletzen, wird er sich schneller und besser davon erholen, wenn er mit einem guten Fitnessgrad ausgestattet ist.

Welche Verletzungen bei welcher Belastung respektive Sportart im Speziellen vorkommen, werde ich im Kapitel 9 »Spezielle Betätigung Ihres Hundes – worauf Sie achten sollten« darlegen und diskutieren. Auf die allgemeinen Notfälle wie Schnittwunden und Insektenstiche etc. werde ich nicht eingehen, sondern verweise auf entsprechende Literatur.

7.2. Die häufigsten Erkrankungen am Bewegungsapparat

7.2.1. Hüftgelenksdysplasie (HD)

Die Hüftgelenksdysplasie ist eine Fehlentwicklung des Hüftgelenks. Sämtliche Hunderassen können davon betroffen sein. Generell sind aber großwüchsige Rassen wie der Deutsche Schäferhund, Dobermann, Labrador, Golden Retriever und Boxer davon betroffen. Die Häufigkeit variiert nach Rasse von vier bis etwa fünfzig Prozent.

Es handelt sich um eine Krankheit, die multifaktoriell bedingt ist. Es sind also immer mehrere Faktoren beteiligt. Falsche Ernährung oder falsche Futterzusätze (insbesondere wachstumsbeschleunigende Substanzen) während des Wachstums sowie Fehler in der Belastung begünstigen die Entwicklung der Krankheit. Zu einem großen Teil ist die HD genetisch bedingt, weshalb viele Zuchtverbände die HD-Abklärung zur Zuchtzulassung fordern. Im Alltag zeigt sich die HD in zunehmender Schmerzhaftigkeit, die infolge der krankhaften Umbauprozesse am Hüftgelenk (Coxarthrose) entstehen. (Vergleiche Kapitel 10.2.1. »Arthrose«). Durch eine dauerhafte Schmerztherapie und begleitende physiotherapeutische Maßnahmen kann man häufig eine ausreichende Lebensqualität lange aufrechterhalten.

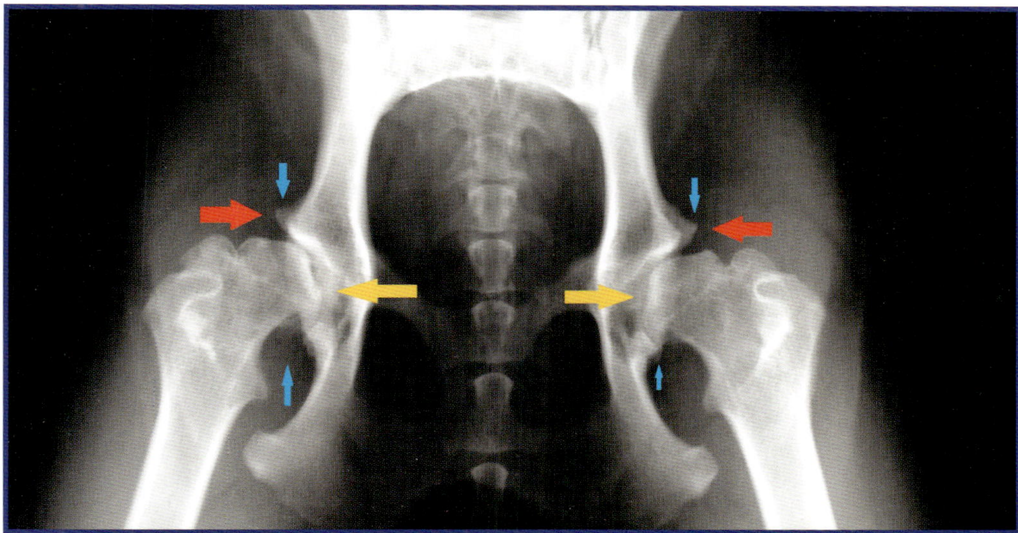

Röntgenaufnahme einer schweren HD beim Hund (Boxer). Die Hüftgelenkspfanne umgreift den Hüftgelenkskopf nicht mehr (rote Pfeile). Die Femurköpfe (Oberschenkelköpfe) zeigen Abweichungen von der Halbkugelform (gelbe Pfeile). Arthrotische Veränderungen (blaue Pfeile).

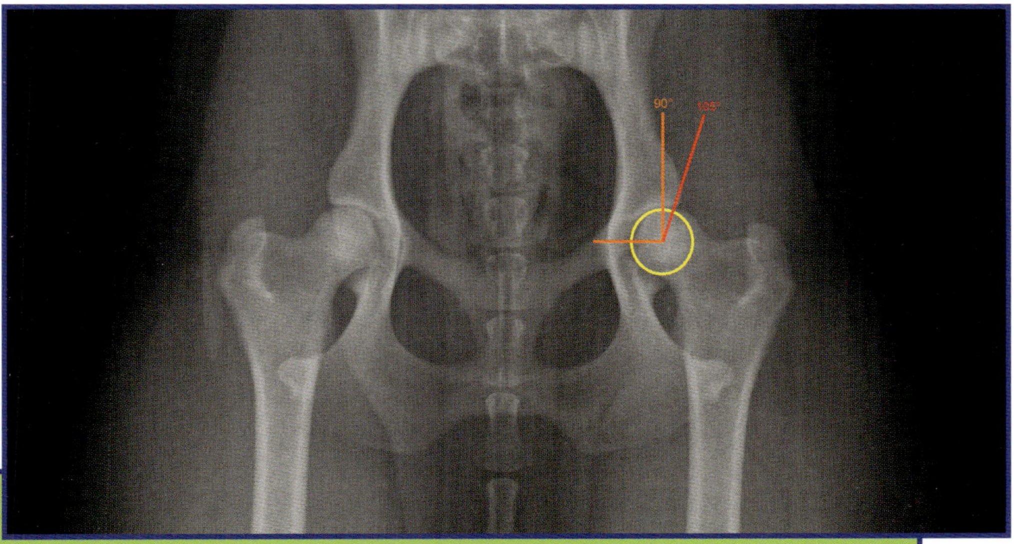

Röntgenaufnahme einer gut entwickelten Hüfte, also eines HD-freien Hundes (Malinois). Der Norberg-Winkel schätzt den Schweregrades einer Hüftgelenksdysplasie ab. Er misst die Überdachung des Hüftgelenkkopfes durch die Hüftgelenkspfanne.

Die Ausprägung klinischer Symptome muss nicht immer im direkten Zusammenhang mit dem Schweregrad der HD stehen. Ich sehe häufig Hunde mit schwerer HD, die kaum Symptome zeigen und andere mit leichter HD, welche stark darunter leiden. Ich betone immer wieder, dass wir nicht den Röntgenbefund behandeln, sondern den Hund, das Individuum. Auch muss die Behandlung individuell der Lebenssituation angepasst werden. Mit der Zeit entsteht im Gelenk eine Entzündung, da der Kopf des Oberschenkelknochens (Femurkopf) in der Hüftgelenkspfanne (Acetabulum) nur ungenügenden Halt findet und so die Knochenhaut des Acetabulumrandes gereizt wird. Ältere Tiere leiden infolge der degenerativen Veränderungen (Arthrosen) des Hüftgelenkes.

Das Gangbild des Hundes mit einer HD zeigt eine typische Veränderung: den LSÜ Twist (lumbo-sacraler-Übergang-Twist). Das heißt, dass das Becken in der Vorführphase der Hintergliedmaße in Richtung der vorgeführten Gliedmaße seitwärts bewegt wird. Bei Bewegungen des Gelenkes kann ein Knacken, Klicken oder Knirschen hörbar sein. Spätestens jetzt, beim Beobachten eines dieser Symptome, ist der Tierarzt aufzusuchen. Am häufigsten wird nebst dem Röntgen der Ortolani-Test zur Diagnosestellung durchgeführt: Der Oberschenkel wird beim auf der Seite liegenden Tier (untersuchte Seite oben) im rechten Winkel zur Wirbelsäule gelagert. Eine auf das Kniegelenk aufgelegte Hand schiebt nun unter starkem Druck den Oberschenkelknochen in Richtung des Rückens. Bei starker Instabilität des Gelenkes kommt es dadurch zum teilweisen oder kompletten Ausrenken des Hüftgelenkes. Wird nun der Oberschenkel von der Körperachse weggeführt, gleitet der Oberschenkelkopf mit einem Klickgeräusch (Ortolani-Klick) in die Pfanne zurück. Dieser Test sollte möglichst nur von einem Tierarzt durchgeführt werden.

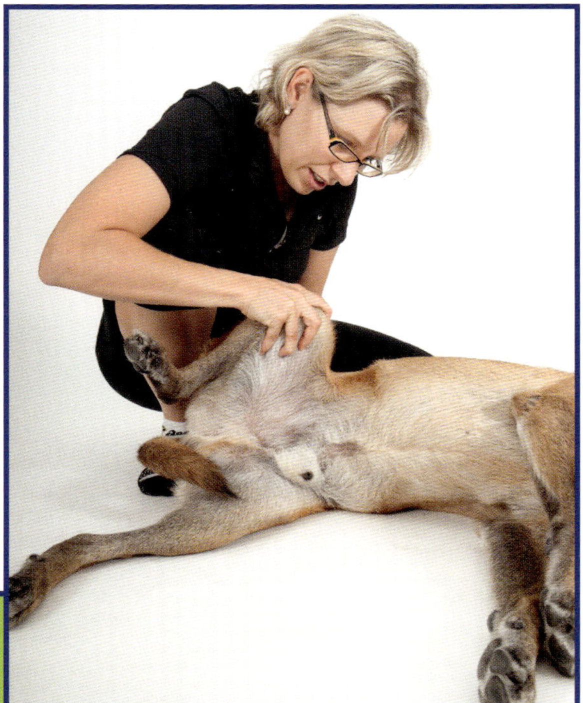

Der Ortolani-Test muss unter Umständen in Narkose durchgeführt werden.

Die beste Möglichkeit, den Schweregrad der Erkrankung zu klassieren, ist die Röntgenuntersuchung (vgl. Abbildungen S. 89). Dabei müssen die Gelenke überstreckt werden, was beim Vorliegen einer HD starke Schmerzen verursacht. Deshalb und wegen der geforderten Muskelentspannung ist es Vorschrift, die Röntgenbilder unter Anästhesie anzufertigen. Zudem ist die exakte Lagerung des Tieres in Rückenlage mit gestreckten und parallel gelagerten Oberschenkeln Voraussetzung für eine aussagekräftige Diagnose. Am besten werden zusätzliche Aufnahmen in »Froschhaltung« der Oberschenkel angefertigt, auf denen man das Hüftgelenk unter »Belastung« röntgt. Ein wesentliches Auswertungskriterium ist der Norberg-Winkel. Er ist als der Winkel definiert, der zwischen der Verbindungslinie der Zentren der beiden Oberschenkelköpfe und dem vorderen Pfannenrand abgetragen wird. Er misst also den Überdachungsgrad der Oberschenkelköpfe durch die Pfanne. Bei einem gesunden Tier liegt er bei mehr als 105°.

Weitere Beurteilungskriterien sind:

- Die Konformität des Oberschenkelkopfs mit der Gelenkpfanne
- Die Weite des Gelenkspaltes
- Die Kontur des Oberschenkelkopfes sowie der Pfanne
- Arthrose / Osteophyten (Anlagerung von Knochenmaterial) am Ansatz der Gelenkskapsel
- Unter dem Knorpel befindliche Verdichtungen der Knochensubstanz im Pfannenbereich
- Verdickungen des Oberschenkelhalses
- Randwülste an der Gelenkpfanne

HD Schweregrad: Je nach Land werden unterschiedliche Gradeinteilungen zugeordnet. Untenstehende Angaben basieren auf der im deutschsprachigen Raum üblichen Skala.

A (HD-frei): In jeder Hinsicht unauffällige Gelenke, der Norberg-Winkel beträgt 105° oder mehr.
B (HD-verdächtig): Norberg-Winkel 105° oder mehr, Schenkelkopf oder Pfannendach leicht unregelmäßig ODER: Norberg-Winkel liegt unter 105°, aber Schenkelkopf und Pfannendach sind gleichförmig
C (leichte HD): Oberschenkelkopf und Gelenkpfanne deutlich unregelmäßig, Norberg-Winkel 100° oder kleiner, evtl. schon Arthroseanzeichen und/oder Pfannenrandveränderungen
D (mittelschwere HD): Oberschenkelkopf und Gelenkpfanne deutlich unregelmäßig, Norberg-Winkel größer als 90°, arthrotische Veränderungen und/oder Pfannenrandveränderungen
E (schwere HD): Auffällige Veränderungen an den Hüftgelenken, Norberg-Winkel unter 90°, der Pfannenrand ist deutlich abgeflacht. Arthrotische Veränderungen.

Behandlung der HD: (siehe auch Kapitel 10.2.1. »Arthrose«): Die HD selbst kann man nicht heilen, sondern man kann lediglich die klinischen Symptome und das Fortschreiten der Krankheit hinauszögern und die Schmerzen bekämpfen. Als erste Sofortmaßnahmen im Alltag sind nach der Diagnosestellung zu vermeiden: Stop-and-Go-Belastungen, freies unkontrolliertes Herumtoben, Spiel auf rutschigem Boden, hohe Sprünge, Kaltstarts und »Balljagen«. Bei diesen Belastungen kann die Muskulatur das Gelenk nicht genügend stützen und so wird die Hüfte jedes Mal gestaucht. Parallel dazu sollte spätestens jetzt koordinativ und muskulär aufgebaut werden, sobald eine Krankheit oder eine Veranlagung zur HD erkannt wird. Zu den Behandlungsmöglichkeiten möchte ich vorausschicken: Jeder Fall muss unbedingt individuell beurteilt und ein detaillierter Therapieplan aufgestellt und besprochen werden. Von den chirurgischen Methoden rate ich ab, bis nicht alle konservativen Methoden versucht worden sind und diese alle versagt haben.

Konservative Methoden:

- Medikamente: Therapie mit entzündungshemmenden und schmerzstillenden Medikamenten. Diese Entzündungshemmer nehmen nicht nur den Schmerz, sondern werden auch auf lange Zeit die Entzündung vom Gelenkknorpel fernhalten und schützen ihn so vor degenerativen Veränderungen.

- Die Zugabe von knorpelaufbauenden Zusatzfuttermitteln ist ebenfalls möglich und ziemlich effizient.

- Physiotherapie: Massagen, physikalische Medizin, aktive Bewegungstherapie inklusive Schwimmtherapie (zur Schmerzlinderung und für den gezielten Muskelaufbau der Becken- und Oberschenkelmuskulatur sehr effizient). Ich verweise auf die Kapitel 7.4. »Reha zuhause« und 7.5. »Reha in der Praxis«.

- Orthopädisches Hundebett: zur Schmerzlinderung, eine Wirkung ist wissenschaftlich zwar nicht nachgewiesen, aber viele Hundebesitzer berichten von einer Verbesserung des Zustandes des Patienten.

Chirurgische Methoden:

- Beckenschwenk-Korrektur-Osteotomie: Dazu werden alle drei Beckenknochen (Darmbein, Sitzbein und Schambein) durchtrennt, das Becken leicht geschwenkt und die Knochen anschließend wieder verbunden. Ziel ist es, die Biomechanik derart zu verändern, dass der Oberschenkelkopf wieder besser zur Hüftgelenkspfanne steht. Diese Operation ist aufwändig und nur bei jungen Hunden anzuraten, bei denen noch keine sichtbaren Veränderungen an der Gestalt des Femurkopfs im Sinne einer beginnenden Arthrose bestehen und sich der Kopf und die Pfanne noch positiv verändern können.

- PIN-Operation / Pectinectomie: Durchtrennung oder Entfernung des Musculus pectineus sowie Umschneiden des Gelenkkapselrandes zur Unterbindung der schmerzleitenden Nervenfasern. Dies ist eine sehr effektive Schmerztherapie, deren Wirkung mehrere Monate anhält. Ich warne aber sehr davor, denn dadurch wird das Gelenk noch instabiler und das Problem auf lange Zeit verstärkt.

- Kapselraffung: Hierbei wird die Gelenkkapsel chirurgisch gestrafft. Die Operation ist nur bei jungen Tieren sinnvoll, wenn noch keine deutlichen Abnutzungserscheinungen aufgetreten sind. Sie verhindert die Subluxationen und damit ein Fortschreiten der Erkrankung. Diese Methode wird kaum mehr angewandt.

- Das Einsetzen eines künstlichen Hüftgelenkes ist eine sehr kostenintensive, aufwändige und risikoreiche Behandlung. Gelingt die Operation, führt sie zur Beschwerdefreiheit bis ins hohe Alter. Es ist wichtig, den Hund beim anschließenden Muskelaufbau durch viel Bewegung zu unterstützen. Laufen am Fahrrad und Schwimmen sind ideal. Gute Resultate werden auch mit der zusätzlichen Medikation von Muskelaufbaupräparaten erzielt. Leider ist die Entwicklung der Prothesen noch nicht befriedigend weit gediehen. So müssen Hunde oft erneut operiert werden, wenn sich die Prothese lockert. Noch häufiger erhalten wir in die Reha-Abteilung meiner Praxis Zuweisungen von Hunden, die an schweren Infekten im Knochen um die Prothese leiden und »saniert« werden müssen. Im schlimmsten Fall muss die ganze Prothese entfernt werden und der Hund muss lernen, ohne Hüftgelenk zu gehen oder er muss erlöst und somit eingeschläfert werden.

- Femurkopfresektion: Dabei wird der Gelenkkopf des Oberschenkelknochens komplett entfernt, worauf sich eine bindegewebsartige Verbindung zwischen Becken und Oberschenkelknochen entwickelt. Verbunden mit intensiver Physiotherapie bietet diese Methode für Hunde unter 20 kg gute Chancen, ein schmerzfreies Leben zu führen. Häufig bleibt durch diese Behandlungsmethode jedoch eine dauerhafte Funktionsstörung zurück.

Stammzellentherapie:

Mit der Stammzellentherapie ist es möglich, Knorpel wieder aufzubauen und eine Schmerzreduktion herbeizuführen. Diese Methode befindet sich noch in der Entwicklung und wird (noch) nicht routinemäßig eingesetzt.

7.2.2. Ellbogengelenksdysplasie (ED)

Sie ist analog der HD eine chronische Erkrankung des Ellbogengelenks schnellwüchsiger Hunderassen. Die ED stellt eine vererbte Entwicklungsstörung des wachsenden Skeletts dar. Auch sie wird durch mehrere Faktoren begünstigt: Fütterungsfehler, schnelles Wachstum oder starke Belastung im Wachstum. Die ED wird polygenetisch (über mehrere Gene) vererbt. Der Nachweis kann bislang nur über die tierärztliche Beurteilung des Einzeltieres erfolgen. Einige Hundezuchtverbände fordern analog der HD eine Röntgenuntersuchung für Zuchttiere, was meines Erachtens zur Bekämpfung dieser Krankheit unabdingbar ist.

Die ED beginnt im Wachstum bei vier bis acht Monate alten Jungtieren mit einer schmerzhaften Veränderung des Gelenks mit Lahmheit. Frühzeichen sind Steifigkeit am Morgen oder nach Ruhepausen. Die Krankheit schreitet lebenslang fort und ist nicht heilbar.

Am häufigsten betroffen sind Labrador Retriever, Deutscher Schäferhund, Bordeaux-Dogge, Rottweiler, Berner Sennenhund, Großer Schweizer Sennenhund und Neufundländer.

Typische ED-Manifestationen

Roter Pfeil: Stufenbildung

Blauer Pfeil: Isolierter Processus anconaeus (Ablösung des unteren Ellbogenfortsatzes der Elle)

Grüner Pfeil: Fragmentierter Processus coronoideus medialis (Ablösung des innen liegenden Fortsatzes der Elle)

Schwarzer Pfeil : OCD des medialen Condylus (Knorpelablösung am Rollhöcker des Oberarmknochens)

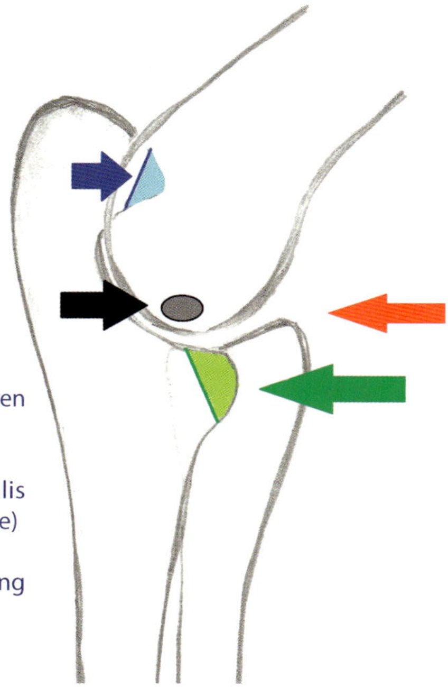

Die Häufigkeit des Auftretens beträgt bei einigen Rassen über 40%. Die erkrankten Tiere werden durch Lahmheiten in den Vorderbeinen auffällig. Bei der klinischen Untersuchung kann häufig eine vermehrte Anfüllung des Gelenkes festgestellt werden. Bei der Manipulation ist der Ellenbogen meist schmerzhaft und teilweise können Knirschgeräusche gehört werden.

Eine Ellbogendysplasie entsteht dann, wenn Oberarmknochen, Elle und Speiche nicht gut aufeinander passen. Die Inkongruenz (also das »Nicht aufeinander Passen«) führt zu chronischen Umbauvorgängen am Gelenk. Diese führen zu Arthrose und einer Verdichtung des Knochens an typischen Stellen. Bei geringer Inkongruenz der Gelenkflächen ist die Osteoarthrose das einzige Anzeichen einer Ellbogendysplasie, darüber hinaus können aber weitere Veränderungen auftreten:

- IPA (Isolierter *Processus anconaeus*) Ablösung des Ellenbogenfortsatzes der Elle. Sie ist erblich bedingt. Insbesondere betroffen sind Rottweiler und Deutscher Schäferhund, Rüden häufiger als Hündinnen. In 40% der Fälle handelt es sich um eine beidseitige Problematik, welche durch Überbelastung, also hohe körperliche Aktivität im zarten Alter von drei bis fünf Monaten und Kalzium/Phosphorüberversorgung begünstigt wird. Beim IPA verwächst der Processus nicht mit der Elle, sondern verknöchert für sich und es wird keine Verbindung geschlossen.

• MCD (Medial compartment disease) fasst folgende zwei Veränderungen zusammen:

  • FCP (Fragmentierung des *Processus coronoideus medialis*): Ablösung des innen liegenden Kronfortsatzes der Elle, (vgl. Skizze S. 95) Sie tritt frühestens im Alter von fünf bis sieben Monaten auf. Es werden verschiedene Ursachen diskutiert, insbesondere frühzeitiger Schluss der Epiphysenfuge (Wachstumsfuge) und Durchblutungsprobleme.

  • OCD (Osteochondrosis dissecans am *Condylus medialis humeri*): Knorpelablösung am innen liegenden Rollhöcker des Oberarmknochens, betrifft v.a. Labrador, Golden Retriever und Rottweiler, im Alter von etwa fünf Monaten, meist beidseits.

Diagnose

Klinisch äußert sich eine ED als Lahmheit, die vor allem nach längerer Ruhe oder stärkerer Belastung auftritt. Der Ellenbogen wird oft zur Seite ausgedreht. Meist wird von den Besitzern betroffener Hunde von einer immer wiederkehrenden Lahmheit gesprochen, die im Alter von fünf bis neun Monaten erstmalig auftritt und belastungsabhängig ist. Die alleinige Therapie mit Schmerzmitteln und Bewegungseinschränkung bringt keine befriedigende, lang anhaltende Besserung. In solchen Fällen muss unbedingt ein Tierarzt aufgesucht werden. Dieser wird bestimmt eine Röntgenuntersuchung anordnen. Bei der klinischen Untersuchung zeigt sich eine Schmerzhaftigkeit bei starker Streckung oder Beugung des Gelenks.
Auf dem Röntgenbild kann sich aufgrund der mangelnden Kongruenz eine Stufe zwischen Speiche und Elle und ein ungleichmäßig breiter Gelenkspalt zeigen. Meist aber werden nur sekundäre Veränderungen wie die sogenannte Sklerose zu sehen sein (Sklerose: Verdichtung des Knochengewebes, durch Reizung/Entzündung entstanden). Durch eine Computertomographie oder Arthroskopie kann die genaue Diagnose im Zweifelsfall untermauert oder verworfen werden. Der Vorteil der Arthroskopie ist, dass meist zugleich auch therapeutisch eingegriffen werden kann.

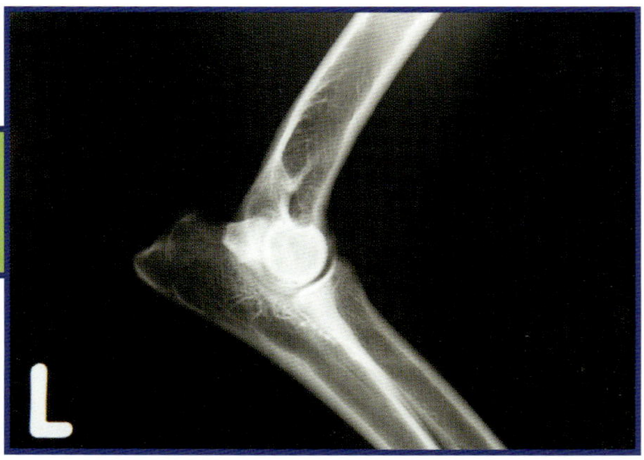

Röntgendarstellung eines gesunden Ellbogens.

Klassifizierung

Nach der International Elbow Working Group wird die ED je nach Ausmaß der Erkrankung in drei klinische Stadien eingeteilt. Hierbei wird lediglich der Schweregrad der Arthrose über das Ausmaß der Knochenzubildungen (Osteophyten) beurteilt.

Grad 0 (Normal): keine Osteophyten oder Sklerose
Grad 1 (milde Arthrose): Osteophyten kleiner als 2 mm oder Sklerose der Gelenkfläche der Elle
Grad 2 (moderate Arthrose): Osteophyten zwischen 2 und 5 mm groß
Grad 3 (schwere Arthrose): Osteophyten größer als 5 mm

Therapie

Die ED ist eine Erkrankung am Bewegungsapparat, die in der Regel chirurgisch gelöst werden muss. Losgelöste Skelett- (FCP und IPA) bzw. Knorpelteile (OCD) sollten chirurgisch entfernt werden, da sie einen ständigen Reiz ausüben. Diese Entfernung sollte möglichst früh erfolgen, also bevor sich eine Arthrose entwickelt. Ein IPA kann auch wieder fixiert werden. Besteht zusätzlich eine Inkongruenz im Gelenk, ist die chirurgische Entfernung der losgelösten Fragmente allein nicht ausreichend. Hier wird zumeist ein chirurgisches Durchtrennen der Elle durchgeführt, damit die Stufe ausgeglichen werden kann. Alle operativen Maßnahmen verhindern jedoch nicht das Fortschreiten der Arthrose. Eine Nutzung als Begleithund ist zwar möglich, von stärkerer Arbeit wie bei Gebrauchshunden rate ich jedoch ab. Unterstützend sind eine schmerz- und entzündungshemmende Therapie und physiotherapeutische Maßnahmen sinnvoll. Eine Gewichtsreduktion ist bei übergewichtigen Tieren unbedingt zu empfehlen. Eine zusätzliche tägliche Verabreichung von knorpelaufbauenden Substanzen im Futter soll eine Arthrose verhindern oder zumindest hinauszögern können.

Vorbeugung und züchterische Maßnahmen

Zur Bekämpfung in der Zucht werden Röntgenaufnahmen von anerkannten Gutachtern beurteilt. Prinzipiell sind beide Ellbogengelenke zu röntgen und die Tiere müssen zum Zeitpunkt der Untersuchung ein Alter von mindestens zwölf Monaten haben. Zur Beurteilung sind jeweils eine seitliche Aufnahme in Beugehaltung, eine seitliche Aufnahme in etwas gestreckterer Haltung sowie eine kraniokaudale Aufnahme (Strahlengang von vorne nach hinten) notwendig.

Zur Vorbeugung einer ED des Individuums empfehle ich striktes Vermeiden von Stop-and-Go-Belastungen und nur geringe körperliche Aktivität in den ersten sieben Monaten. Danach sollte nur eine langsame Steigerung der Bewegungsintensität und eine ausgewogene Ernährung unter Vermeidung zu hoher Gabe von Kalzium und Phosphor eingehalten werden. Dies alles gilt insbesondere bei gefährdeten Rassen.

7.2.3. Kreuzbandriss

Die Kreuzbandruptur, auch Kreuzbandriss genannt, ist ein Riss eines der beiden Kreuzbänder. In den meisten Fällen ist das vordere Kreuzband (*Ligamentum cruciatum craniale*) betroffen, Risse des hinteren Kreuzbands (*Ligamentum cruciatum caudale*) sind deutlich seltener. Auch sind die Auswirkungen eines gerissenen hinteren Kreuzbandes nicht so gravierend wie beim vorderen.

In der Praxis ist die vordere Kreuzbandruptur eine häufig diagnostizierte Erkrankung des Bewegungsapparates und dementsprechend eine häufige Ursache für Lahmheit. Hunde größerer Rassen sehe ich viel häufiger mit einer Kreuzbandruptur. Hunde kleinerer Rassen mit einem gerissenen Kreuzband sind fast eine Rarität. Die genaue Entstehung dieser Erkrankung ist noch nicht abschließend geklärt. Im Gegensatz zu uns Menschen reißt das Kreuzband bei Hunden in den meisten Fällen nicht aufgrund eines Unfalls. Deshalb sprechen wir in der Tiermedizin korrekterweise eher von einer Erkrankung als von einer Verletzung. Statistisch gesehen sind Unfälle, welche zu einem Riss führen, viel weniger häufig als Kreuzbandrupturen anderer Ursache. In diesen Fällen verläuft das Reißen des Kreuzbandes langsam und nicht plötzlich, das heißt, dass über Wochen oder gar Monate immer mehr Anteile des Bandes reißen. Am Schluss reicht eine kleine Überbeanspruchung des Bandes, um es vollständig reißen zu lassen.

Begünstigende Faktoren / Risikofaktoren:

- Zunehmendes Alter
- Geschlecht (kontrovers diskutiert, Mehrheit der Studien sagt: mehr Hündinnen als Rüden)
- Zunehmendes Körpergewicht
- Trainingszustand des Hundes (vermutlich wegen einer durch ihre Inaktivität bedingten Degeneration der Bänder)
- Vorliegen degenerativer Vorgänge im Knie des Hundes. Beispielsweise begünstigen

verschiedene Formen von Arthritis die Degeneration des vorderen Kreuzbandes. Dafür kann auch eine Infektion verantwortlich sein, wie zum Beispiel von Zecken übertragene Borreliose oder gar eine Autoimmunerkrankung (wenn sich das Immunsystem gegen sich selbst richtet).

Ein Riss des vorderen Kreuzbandes führt beim Hund schnell zu degenerativen Veränderungen des betroffenen Kniegelenkes: Knorpelschäden, Arthrose etc. Im Vergleich dazu sind bei einem Riss des hinteren Kreuzbands nur minimale Schädigungen im Kniegelenk zu beobachten. Oft werden diese gar nicht festgestellt.

Diagnostik

Ein Riss des vorderen Kreuzbandes lässt sich oft schon anhand der Symptomatik erkennen, hier also an der Art der Lahmheit des betroffenen Tieres. Ich nenne das eine der wenigen »Wartezimmerdiagnosen« – das heißt, dass wir in der Regel den ersten Verdacht schon bei der Begrüßung des Patienten und seines Besitzers im Wartezimmer äußern könnten. Die klinische Untersuchung (Schubladentest, Tibiakompressionstest), mit der die durch die Ruptur des Kreuzbandes hervorgerufene Instabilität festgestellt werden kann, gilt als sicherer Nachweis. Dabei empfiehlt sich der Vergleich mit dem nicht betroffenen Kniegelenk.

Therapie

Zur Behandlung des Risses des kranialen Kreuzbandes gibt es einige verschiedene, konservative und chirurgische Methoden. Sie alle haben die Zielsetzung, im betroffenen Gelenk eine ausreichende Stabilität wieder herzustellen. Keines dieser Verfahren bietet, wie meist in der Medizin, die einzig richtige Lösung. Der Zustand eines gesunden Kniegelenkes lässt sich mit keinem Verfahren wieder herstellen. Zukünftige Arthrosen im Kniegelenk lassen sich nicht verhindern.

Konservative Methoden

- Nur bei Hunden unter fünfzehn Kilogramm sinnvoll

- Entzündungshemmende Medikamente für mindestens acht Wochen

- Intensive aktive Bewegungstherapie, insbesondere Stabilisierungsübungen

- Physikalische Methoden, um schnellstmöglich die Entzündung aus dem Gelenk zu bringen und zugleich die Gewebeheilung anzuregen.

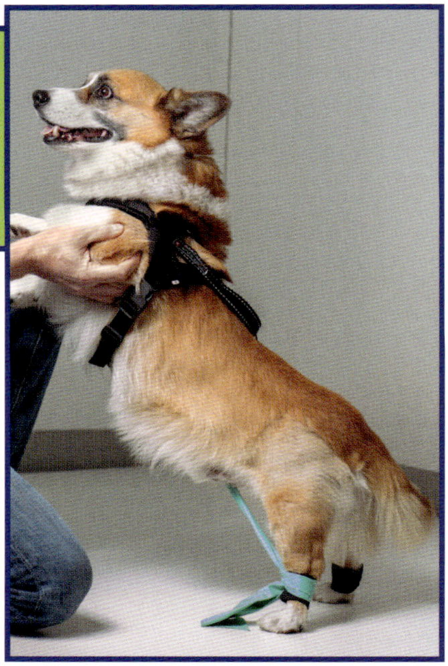

Physiotherapeutischer Muskelaufbau bei einem Welsh Corgie nach einer Kreuzbandoperation. Die meisten Übungen können zuhause durchgeführt werden. Eine regelmäßige Überprüfung durch den Tierarzt oder den Tierphysiotherapeuten ist dennoch wichtig.

Operative Behandlung

- Techniken mit Bandersatz: Bei den Techniken mit Bandersatz (Kreuzbandplastik) werden körpereigene Bindegewebsstrukturen oder künstliche Materialien verwendet. Sie werden durch einen Bohrkanal von hinten durch das Kniegelenk schräg nach vorn-unten geführt und am Schienbein befestigt. Das Problem dieser Methoden ist, dass die chronische Entzündung das Bandmaterial schwächt und es meist innerhalb weniger Jahre zu einem erneuten Reißen kommt.

- Kapselraffung: Bei ihr wird ein Einschnitt in die Gelenkkapsel gemacht. Dieser wird anschließend mit chirurgischem Nahtmaterial gerafft. In den Wochen nach der Operation kommt es durch Bindegewebseinlagerung zur Verhärtung der Gelenkkapsel, die so das Kniegelenk stabilisiert. Diese Methode kann angewandt werden, wenn vom Patienten keine großen Leistungen mehr gefordert werden (also bei älteren Patienten) oder wenn die Kosten so gering wie möglich gehalten werden sollen.

- Osteosynthese-Verfahren: Hierbei wird versucht, die Anatomie des Beines respektive Knies dahingehend zu verändern, dass in der Biomechanik des Ganges das Kreuzband an sich gar nicht mehr gebraucht wird. Das heißt, dass dabei das Kreuzband nicht ersetzt wird, aber die Belastung des Knies in der Schubladenbewegung weggenommen wird.

    - TPLO (Tibial Plateau Leveling Osteotomy): Die Idee hinter dieser Methode ist, dass man den Schub, der auf das Kniegelenk wirkt, nach vorne unterbindet. Der Operateur verändert die Stellung der Gelenkfläche des Unterschenkels so, dass sie all diese Kräfte aufhebt. Die Reparatur des vorderen Kreuzbandes und somit das Öffnen des Kniegelenks sollen so vermieden werden. Das Kreuzband wird also nicht wiedervereint. Ist der Meniskus jedoch schon stark beschädigt, muss das Knie trotzdem geöffnet werden und die zerstörten Reste des betroffenen Meniskusteils entfernt werden. Da die Winkelstellung für den Vorschub verantwortlich ist, wird in einem komplizierten Verfahren der bestehende Winkel des Tibiaplateaus bestimmt und optimiert. Durch verschiedene Röntgenaufnahmen wird der benötigte Winkel festgelegt. Mittels einer patentierten, kreisrunden Säge wird das Schienbein durchtrennt und an der Schnittstelle der obere Teil so geschwenkt, dass der vorher berechnete optimale Winkel erreicht wird. Ist dieser erreicht, wird der getrennte Knochen mit einer eigens für diesen Zweck konzipierten Sechsloch-Platte wieder verschraubt. Das Kreuzband wird also nicht repariert. Das heißt, dass der vom Tierarzt durchgeführte Schubladentest immer noch positiv sein wird. Patienten, die nach einer TPLO operiert wurden, müssen bis zu zwölf Wochen ruhig gehalten werden, um eine gute Heilung der Knochen zu gewährleisten. Die operierten Hunde sind jedoch in der Regel relativ schnell wieder auf den Beinen und benutzen das operierte Bein gut. Direkt im Anschluss an die Operation werden Schmerzmittel und Antibiotika verabreicht. Die Tiere sollen sich bewegen und das Bein möglichst nach zwei Wochen wieder gut belasten können. Ein Nachteil der TPLO ist, dass die Kraft auf die Patellarsehne durch eine Verkürzung des Hebelarms zu einer Erhöhung dieser Kraft führt. Nicht selten sind deshalb bei der TPLO Entzündungen des Patellarbandes die Folge. Andere Komplikationen sind die üblichen nach einer Osteosynthese: Infekte oder Lockerung der Platte.

Während der gesamten Heilungsphase ist Folgendes zu beachten:

- Halten Sie das Gewicht des Hundes auf einem Minimum.

- Halten Sie Ihren Hund während der ganzen Heilungsphase stets an der Leine.

- Verboten sind: Toben, Stop-and-Go, das Rasen am Gartenzaun, Sprünge oder Spiel mit anderen Hunden.

- Halten Sie sich unbedingt an die Anweisungen Ihres Tierarztes und Tierphysiotherapeuten. Gerade in der Physiotherapie können speziell auf die Bedürfnisse des Hundes abgestimmte, unterstützende Maßnahmen ergriffen werden. Dies führt in der Regel zu einer beschleunigten Heilung mit oft besserem Endresultat. Nach rund acht Wochen sollte der Patient die Belastung langsam steigern, wobei hier die Betonung auf »langsam« gelegt werden muss.

- TTA (Tibial Tuberosity Advancement): Auch für die TTA ist eine Osteotomie notwendig, aber im nichttragenden Teil des Schienbeines. Bei der TTA wird ein Knochenschnitt senkrecht im vorderen Teil des Schienbeines durchgeführt, um den Knochenvorsprung (*Crista*), also den Ansatzpunkt des Kniescheibenbandes, weiter nach vorn zu verschieben. Dadurch wird die abnorme Beweglichkeit im Kniegelenk zuverlässig verhindert. Durch Verlagern der Crista tibia nach vorne wird ein rechter Winkel zwischen den einwirkenden Kräften erreicht und somit das Kreuzband überflüssig. Der Abstand zwischen der Crista tibia und der Tibia selbst wird durch einen Abstandhalter, einen »Cage«, aus Titan gewährleistet. Eine spezielle Platte sorgt für eine stabile Vereinigung mit dem Knochen. Die Nachsorge besteht aus einem Verband, der nach drei Tagen entfernt und nicht mehr erneuert wird. Der Hund darf an der Leine sofort nach Entfernen des Verbandes drei Mal täglich fünf Minuten spazieren geführt werden. In aller Regel wird das Bein dabei bereits voll belastet. Bei vielen Patienten sieht man im Schritt schon am vierten Tag nach der Operation keine Lahmheit mehr. Die Belastung wird pro Woche um jeweils fünf Minuten gesteigert, sodass bis zur sechsten Woche drei Mal 30 Minuten Bewegung an der Leine erlaubt sind. In der siebten Woche wird eine Röntgenkontrollaufnahme angefertigt, die darüber entscheidet, ob der Patient wieder ohne Leine voll belastet werden darf. Komplikationen: Auch bei dieser Operation sind Komplikationen möglich, welche sehr von der Erfahrung des Chirurgen abhängig sind. Als Tierbesitzer sollte man großen Wert darauf legen, sich einen versierten Operateur auszusuchen.

- TTO (Triple Tibia Osteotomy): Eine Kombination aus TPLO und TTA. Diese Methode wird neuerdings gerne durchgeführt und zeigt gute Erfolge. Hier auf Details einzugehen würde den Rahmen dieses Buches sprengen.

7.2.4. Patellaluxation

Die genetisch vererbte Kniescheibenverrenkung trifft hauptsächlich kleine Hunde. Durch anatomische Besonderheiten kann die Kniescheibe spontan aus der Furche respektive Gleitrinne springen. In fast 80% der Fälle springt sie nach medial, also nach innen. In den 20% der Luxationen, die nach außen springen, sind in der Regel die großen Hunde betroffen. Die Luxation ist ein weit verbreitetes Problem bei vielen Zwerghunderassen.

Chihuahuas sind besonders anfällig für Kniescheibenluxation.

Die Ursache für die Entstehung der Erkrankung ist nicht vollständig geklärt. Eine zu flach ausgebildete Gleitrinne und eine Abweichung in der Achse zwischen Ober- und Unterschenkel stehen häufig in Verbindung mit Luxationen der Kniescheibe. Die Erkrankung entwickelt sich während des Wachstums, also innerhalb des ersten Lebensjahres. Klinisch zeigt sich das Ausrenken viel weniger spektakulär als die meisten Besitzer erwarten würden. Der Hund macht je nach Schweregrad häufig oder selten sogenannte Zwischenhüpfer. Er zieht das Bein zwischen einem und mehreren Schritten hoch und hüpft. Meist streckt er das Bein vor dem Belasten kurz nach hinten – so bringt er die Kniescheibe wieder in die richtige Position. Ein Hauptmerkmal der Patellaluxation ist meines Erachtens, dass der Patient nach diesen kurzen Intermezzi meist absolut beschwerdefrei läuft und keine weitere Lahmheit zeigt. Erst ab dem mittleren oder im höheren Alter zeigt der Hund durch die Gelenkveränderungen chronische Schmerzen. Und dennoch: die Kniescheibenluxation ist tückisch und muss unbedingt so früh wie möglich angegangen werden. Bei jedem Ausrenken wird die Patella lockerer und springt noch schneller aus der Gleitrinne. Es gilt also, das Gelenk zu schützen.

Diagnose

Das Knie wird durch einen kompetenten Tierarzt manuell untersucht. So kann der momentane Schweregrad festgelegt werden.

Grad 1: Es besteht eine habituelle/wiederkehrende Luxation. Durch Druck kann die Kniescheibe in Beuge- und Streckbewegung ausgerenkt werden. Sie gleitet bei nachlassendem Druck aber spontan in die *Trochlea ossis femoris* (Rollfurche) zurück.
Grad 2: Die Patella kann durch den Untersucher oder das Tier selbst bei gestrecktem Knie luxiert werden – sie gleitet nicht selbständig, sondern durch aktiven Druck oder passive Beugung oder Streckung des Kniegelenks in die Rollfurche zurück.
Grad 3: Die Kniescheibe ist permanent nach medial oder lateral luxiert. Durch Druck kann sie in das Gleitlager zurückverlagert werden. Bei nachlassendem Druck reluxiert die Patella wieder in ihre Ausgangsstellung.
Grad 4: Die Patella ist permanent stationär luxiert, eine Reposition ist nicht möglich.

Therapie

Je früher die Erkrankung erkannt und behandelt wird, desto eher können spätere Gelenkschäden verhindert werden. Egal, welcher Weg beschritten wird: eine knorpelaufbauende und -unterstützende Substanz ist absolut empfehlenswert.

Konservative Behandlung

Die konservative Behandlung hat zum Ziel, durch aktive Bewegungstherapie und eventuelle medikamentöse Unterstützung die Oberschenkelmuskulatur aufzubauen und das Gewebe so zu straffen, dass durch mehr Zug auf die Kniescheibe und deren Band die Luxationen ausbleiben. Bei Schweregrad 1 haben wir durchwegs sehr gute Resultate. Einzige Bedingung: der Hundebesitzer muss konsequent bis ins Alter dafür sorgen, dass die Stabilisierungsübungen regelmäßig durchgeführt werden. Die konservative Methode ist natürlich nur in leichten Fällen und bei Jungtieren ohne erhebliche Gelenkveränderungen sinnvoll.

Chirurgische Methoden

Es gibt verschiedene Operationsmethoden, welche aber alle dasselbe Ziel haben: die Kniescheibe soll nicht mehr aus der Furche springen können. Diese Gleitrinne kann vertieft werden, der Ansatz der Sehne so versetzt, dass der Zug der Patella in die Rinne vergrößert wird, die seitliche Erhebung kann erhöht werden. Die Methode muss dem jeweiligen Patienten (Gradeinteilung, Größe, Rasse und Gewicht) angepasst werden.

Vorbeugung und züchterische Maßnahmen

Hunde bestimmter Rassen, welche zur Zucht verwendet werden, müssen vorgängig auf Patellaluxation untersucht werden. Das in der Schweiz entwickelte Modell, dass die Hunde der Zwergrassen im Alter von zehn Monaten und dann später nachuntersucht werden, scheint zu greifen und ist ein Beweis dafür, was man erreichen kann, wenn Hundebesitzer, Züchter und Tierärzte eng zusammenarbeiten.

7.2.5. OCD – Osteochondrosis dissecans

Die OCD tritt vor allem beim jungen, sehr schnell wachsenden Hund im Alter von vier bis zwölf Monaten auf. Ist ein Hund während des Wachstums sehr aktiv oder wird schon fleißig mit ihm trainiert, wird die Wahrscheinlichkeit einer Entwicklung der OCD stark erhöht. Hauptsächlich betroffene Rassen sind der Rottweiler, der Deutsche Schäferhund, der Labrador, der Golden Retriever, die Deutsche Dogge, der Bernhardiner, der Berner Sennenhund und Mischlinge großer Rassen, welche als Endgewicht meist über 28 kg Körpergewicht aufweisen. OCD tritt häufiger bei männlichen als bei weiblichen Hunden auf.

OCD im Bereich der Gelenksflächen des Schultergelenks, der Ellenbogen, des Knies und des Sprunggelenks entsteht dadurch, dass sich die Knorpelzellen während des Wachstums zu schnell teilen und der Verknöcherungsvorgang zu langsam fortschreiten kann. Der Gelenksknorpel wird dadurch sehr dick. Der Knorpel wird durch die Gelenkflüssigkeit durch Diffusion mit Nährstoffen versorgt, da er keine Blutgefäße enthält. Bei einem sehr dicken Gelenksknorpel werden also die Knorpelzellen, welche am weitesten vom Gelenk entfernt liegen, nicht genügend mit Nährstoffen versorgt und sterben ab. Der Gelenksknorpel ist nicht mehr genügend gut mit dem Knochen verbunden und kann sich vom Knochen ablösen. Dieses Knorpelstück kann entweder am Ort bleiben oder auch im Gelenk herumwandern. Man spricht dann von einem Chip oder einer sogenannten Gelenksmaus. Bei beiden Varianten entstehen beim Abbau der abgestorbenen Knorpelzellen Produkte, welche zu einer Entzündung führen. Dies verursacht Schmerzen und damit eine Lahmheit. Es kommt zu knöchernen Zubildungen im und ums Gelenk, also einer Arthrose.

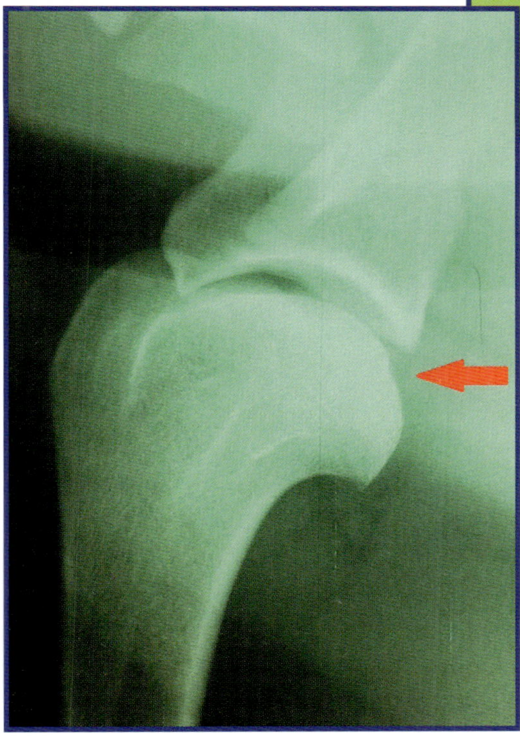

Röntgenbild der Schulter eines aktiven Schlittenhundes mit OCD-Veränderung.

Diagnose

Eine korrekt und sorgfältig durchgeführte Lahmheitsuntersuchung bringt oft schon den Verdacht einer OCD. Wichtigstes Mittel für die Diagnose einer OCD ist aber das Röntgenbild. Darauf können Veränderungen in den Wachstumsfugen oder sogar das Ablösen von Knorpelscheiben im Gelenk festgestellt werden.

Therapie

Konservative Behandlung:

Selten gelingt eine konservative Behandlung, aber wenn der Patient noch sehr jung ist (unter sechs bis sieben Monaten), ist es meist einen Versuch wert. Diese Form der Therapie stützt sich auf eine strenge Diät, einen strikten Leinenzwang und absolute Bewegungseinschränkung. Schmerzmittel und entzündungshemmende Medikamente ergänzen die Therapie. Der erfahrene Tierarzt kann aufgrund des Röntgenbilds entscheiden, ob ein nicht operativer Behandlungsversuch sinnvoll ist. Der Verlauf der Erkrankung muss in regelmäßigen Abständen kontrolliert werden. Wenn die Lahmheit nach ein bis zwei Monaten nicht verschwindet, ist ein chirurgischer Eingriff unumgänglich.

Chirurgische Behandlung:

Das Ziel ist es, die Funktion des Gelenkes wiederherzustellen und so sauber zu operieren, dass spätere Veränderungen am Gelenk so gut wie möglich reduziert oder gar vermieden werden. Die abgelösten Knochen- oder Knorpelstücke werden in einer Methode, in welcher der Chirurg das Gelenk öffnet, oder mithilfe Arthroskopie entfernt oder fixiert. Anschließend wird das Gelenk mit speziellen Fäden wieder geschlossen.

Vorbeugung und züchterische Maßnahmen

Zuchttiere, die selber an OCD erkranken oder deren Nachkommen gehäuft OCD zeigen, müssen von der Zucht ausgeschlossen werden. Eine große Rolle bei der Entwicklung der Erkrankung spielen fehlerhafte Ernährung und übermäßige Belastung während des Wachstums. Zu viel oder qualitativ schlechtes Futter, das der körperlichen Entwicklung des Hundes nicht angepasst ist, kann eine Erkrankung begünstigen. Auch die übermäßige Verabreichung von Vitaminen und Mineralstoffen, zum Beispiel von Kalzium, begünstigt das Entstehen einer OCD. Wie schon oben erwähnt, spielt auch der Aktivitätsgrad des Hundes bei der Entwicklung der OCD eine Rolle. Hierzu verweise ich auf das Kapitel 3.4. »Empfehlung bezüglich der Aktivität von Welpen und Junghunden«.

7.2.6. Bandscheibenvorfall

Synonyme: Dackellähme, Discusprolaps; Überbegriff: Discopathie

Die Erkrankungen der Bandscheiben sind sehr vielschichtig und können sehr unterschiedliche Verläufe zeigen. Zunächst möchte ich Ihnen zwei Begriffe zu diesem Thema erklären:

Discusprotrusion: Vorwölbung der Bandscheibe. Aufgrund von Alterungsprozessen ist sie in ihrer Konsistenz so verändert, dass sie sich bei ungünstigen Bewegungen in den Spinalkanal der Wirbelsäule vorwölbt. Die Bandscheibe besteht aus zwei Teilen, einem Kern und einer Hülle. Bei der Bandscheibenvorwölbung drückt der in die Hülle vordrückende Kern in den Wirbelkanal hinein, die Hülle selbst ist noch intakt.

Discusprolaps: Beim eigentlichen Bandscheibenvorfall zerreißen die Hüllenfasern. Das Kernmaterial wird mehr oder weniger weit in den Wirbelkanal gedrückt – dies kann sehr langsam oder aber auch explosionsartig geschehen.

Der Begriff Dackellähme beinhaltet bereits die am häufigsten betroffene Hunderasse.

Außer Dackeln sind aber auch andere Rassen betroffen: der Deutscher Schäferhund, die Bulldogge, der Welsh Corgie, der Basset, der Malinois, der Spaniel, die Pekingesen. Generell können aber alle Rassen und Mischlinge von diesem Geschehen betroffen sein. Bandscheibenschäden können schon erstmalig im Alter von vier bis sechs Jahren auftreten.

Diagnose

- Je nach dem Ort und dem Ausmaß des Bandscheibenschadens können sich die Symptome stark voneinander unterscheiden.
- Aufschreien beim Hochheben
- Aufgekrümmter Rücken, hochgradig schmerzhaft
- Koordinationsstörungen
- Vermeiden oder Verweigern von Treppensteigen, den Sprung ins oder aus dem Auto
- Steifer Gang
- Verspannter Rücken
- Auffällig gestreckter Hals
- Einbrechen eines oder beider Vorderbeine
- Nachschleifen der Hinterbeine
- Kotabsatzstörungen; auch unwillkürlicher Harn- und Kotabgang

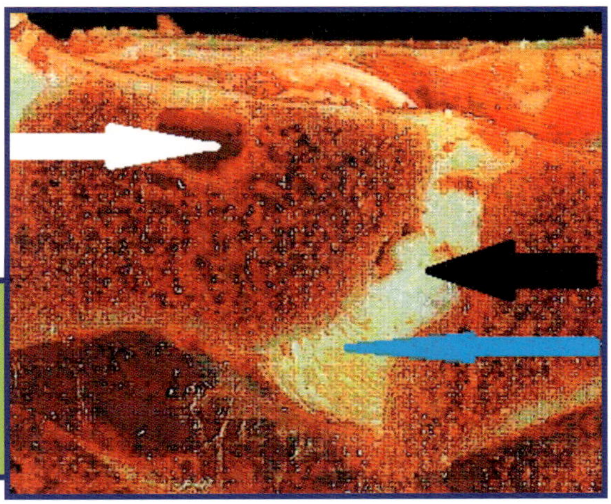

Anatomie eines Wirbelkörpers mit Bandscheibe: Gefäß im Wirbelkörper (weißer Pfeil), Bandscheiben mit ihren Fasern (blauer Pfeil), Bandscheibenkern (schwarzer Pfeil).

Der versierte und in der Neurologie erfahrene Tierarzt wird durch einen sauberen und kompletten orthopädischen und neurologischen Untersuchungsgang zur Verdachtsdiagnose eines Bandscheibenvorfalls kommen. Nach Röntgen und anschließendem Kontrastmittelröntgen oder einer MRT (Magnet-Resonanz-Tomographie) wird die Diagnose bestätigt oder verworfen werden können.

Therapie

Jeder Fall muss einzeln beurteilt und dementsprechend die richtige Therapie gewählt werden. Sind akute Lähmungen, insbesondere der Blase und des Darms vorhanden, handelt es sich um einen Notfall und die Nerven müssen schnellstmöglich operativ entlastet werden. Ich empfehle immer, bei jedem Verdacht auf einen Bandscheibenvorfall so schnell wie möglich eine MRT (Magnet-Resonanz-Tomographie) anfertigen zu lassen, um den Druck auf das Rückenmark besser einordnen zu können. Danach kann viel klarer entschieden werden, ob ein Eingriff notwendig ist oder ob eine konservative Therapie versucht werden kann. Nervengewebe kann sich nur sehr langsam erholen, und dies oft auch nicht vollständig. Deshalb ist keine Zeit zu verlieren, falls durch Bandscheibenmaterial Nervengewebe abgedrückt wird.

Konservative Behandlung

Bei einem diagnostizierten Bandscheibenvorfall, welchen man konservativ angehen will, ist das Ziel, durch absolute Ruhigstellung und gleichzeitige Bekämpfung der Entzündung und des Schmerzes dem Gewebe Zeit zu geben, um zu vernarben. Der ganze Prozess dauert etwa sechs Wochen. So lange muss der Patient also unbedingt komplett ruhig gestellt werden. Wir nennen das Boxenruhe. Der Hund darf weder springen noch rennen. Also auch keine kleinen Sprünge auf das Sofa oder aus dem oder in das Auto machen. Parallel dazu wird er medikamentös behandelt, um das Gewebe abschwellen zu lassen. In der Regel werden dazu Cortisonpräparate verwendet, da deren Eigenschaft des Abschwellens am besten ist. Physiotherapeutisch wird manuell behandelt, um das Gleichgewicht der Muskelspannung zu unterstützen und Schmerzen zu lösen, leichte Stabilisierungsübungen durchgeführt und mit verschiedenen physikalischen Methoden (wie zum Beispiel dem T.E.N.S., dem Infrarot und dem Laser) behandelt. Je nach Schweregrad der Symptome und Größe respektive Gewicht des Hundes wird der Therapieplan um die Schwimmtherapie erweitert.

Chirurgische Behandlung

Der Zugang und die Methode werden individuell geplant. Meist erholt sich der Patient recht gut und schnell. Sind schwere Lähmungserscheinungen vorhanden, muss er noch eine Weile stationär bleiben, ansonsten kann er am Tag nach der Operation nach Hause. Dort sollten sogleich Übungen nach vorangegangener Instruktion durchgeführt werden. Sobald die Fäden gezogen wurden, kann die Regeneration durch Schwimmtherapie gefördert werden. Generell beschleunigen diverse physiotherapeutische Maßnahmen die Rehabilitation und können den Erfolg einer Operation bedeutend beeinflussen. Hat der Hund nach einer Bandscheibenoperation Probleme, darf nicht zu lange gewartet werden. Die ersten sechs Wochen sind für das Endergebnis entscheidend.

Ein Dackel unter konservativer Behandlung eines Bandscheibenvorfalls. Hier: Stabilisierungsübungen auf dem Wackelbrett.

Vorbeugung und züchterische Maßnahmen

Wenn Ihr Hund bereits Bandscheibenprobleme hatte oder zu den häufig betroffenen Rassen gehört, sollten Sie folgende Punkte beherzigen:

- Sorgen Sie für eine gute Bemuskelung Ihres Hundes.
- Tragen Sie den Hund auf steilen Treppen oder führen ihn kontrolliert an der Leine.
- Lassen Sie Ihren Hund nicht aus großen Höhen hinunterspringen. Dazu gehört für kleinere Hunde auch das Springen aus dem Auto.
- Vermeiden Sie totale Durchnässung des Hundes bzw. sorgen Sie sofort für Trocknung, vermeiden Sie Zugluft (besonders am Liegeplatz) und Bodenkälte.
- Versuchen Sie extremes Toben zu verhindern, insbesondere mit rüpelhaften und/oder viel schwereren oder größeren Hunden.
- Achten Sie strikt auf das Gewicht.

- Halten Sie beim Hochheben den Rücken des Hundes gerade und lassen Sie diesen nicht zu sehr nach oben abknicken.

Der Bandscheibenvorfall ist zwar im engeren Sinne nicht vererbbar, dennoch sollte in der Zucht darauf geachtet werden, dass Hunde mit einer gewissen Anlage zur Bindegewebsschwäche, also schon bekanntem Vorfall oder gar Vorfällen (schon nur zum Schutz des Tieres selbst), nicht zur Zucht eingesetzt werden.

7.2.7. Cauda equina-Syndrom

Das Cauda equina-Syndrom ist eine bei großen Rassen doch recht häufig auftretende degenerative neurologische Erkrankung, die oft lange vom Besitzer nicht bemerkt wird. Erst im weiteren Verlauf ist das Syndrom dann durch starken Schmerz und durch Lähmungen gekennzeichnet. Weitere Symptome sind wechselnde Lahmheiten in einer oder beiden Hintergliedmaßen, steifer Gang oder gar Knabbern an der Rute oder an den Hinterläufen. Diese Symptome entstehen durch ein Abdrücken der Nervenwurzeln am Ende des Rückenmarks, der sogenannten Cauda equina. Die Erkrankung zeigt sich generell sehr unterschiedlich. Manche Hunde zögern beim Absprung, beispielsweise beim Springen über eine Hürde. Viele Hunde haben Schwierigkeiten, in die Autobox zu springen. Manche Hunde äußern sogar Schmerzen durch Aufschreien oder Aufheulen, wenn der hintere Rücken berührt wird oder sie eine falsche Bewegung machen. So kann es sogar zu Beißunfällen kommen. Nicht selten hängt die Rute im weiteren Verlauf der Krankheit schlaff herunter und kann kaum mehr aktiv nach oben bewegt werden. Sehr typisch ist ein mangelhaftes Anheben der Hinterbeine beim Gehen. Dabei werden die Krallen auf dem Boden nachgeschleift. Man kann dieses Schleifen der Krallen beim Gehen hören. Schließlich kommt es zu Lähmungen der Hintergliedmaßen, des Afters und der Blase (Kot- und Harninkontinenz).

Bei der neurologischen Untersuchung des Patienten wird als Erstes der Bewegungsablauf beurteilt. Hierbei werden der Gang, das Treppensteigen und eventuell auch kleine Sprünge detailliert beobachtet. Anschließend werden spezielle Untersuchungen gemacht, um den Ort der Nervenblockade genauer zu lokalisieren. Das heißt, dass verschiedene neurologische Tests wie das Durchtasten und Reflexprüfung durchgeführt werden. In der Regel zeigen Cauda equina-Patienten deutlichen Schmerz, wenn der Tierarzt im Bereich des Übergangs von der Lendenwirbelsäule zum Kreuzbein mit den Daumen Druck auf die Wirbelsäule ausübt. Ebenso wird das nach hinten Strecken der Hinterbeine schlecht bis gar nicht geduldet. Manipulationen an der Rute und ihr Überstrecken nach oben rufen deutliche Schmerzreaktionen hervor. Die Einengung im Bereich der Nervenwurzeln kann unterschiedliche Ursachen haben. Zu diesen gehören vorherrschend die Verdickung des Längsbandes, Bandscheibenvorfälle, arthrotische

Veränderungen und selten auch Tumore. Eine sorgfältige Untersuchung zur Unterscheidung der jeweiligen Ursache mittels MRT oder zumindest einer Myelographie (Kontrastmittelröntgenstudie) ist erforderlich, um eine korrekte Behandlung mit größtmöglicher Aussicht auf Erfolg durchzuführen.

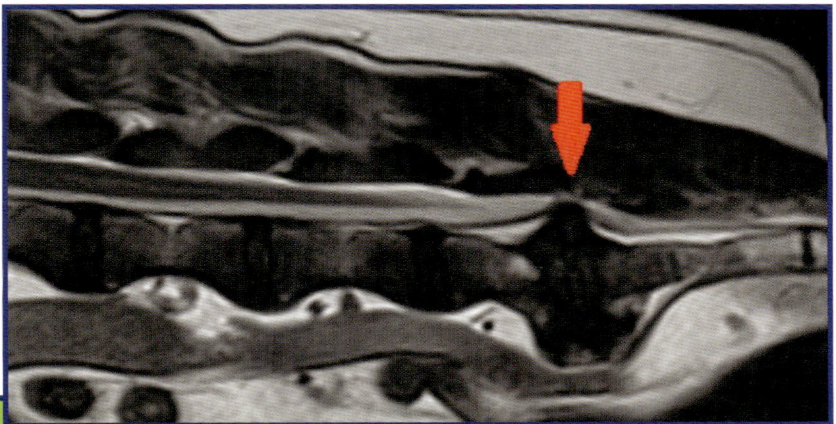

Kernspintomographische Aufnahme der Lendenwirbelsäule einer Schweißbracke. Zwischen letztem Lenden- und Kreuzwirbel ist die Bandscheibe in den Spinalkanal vorgefallen und führt dort zu einer Kompression und Ablenkung der Cauda equina-Nerven (roter Pfeil).

Behandlung

Konservative Therapie:

Bei Patienten im Anfangsstadium und mit nur geringen Schmerzen kann eine konservative Behandlung versucht werden. Dazu gehören intensive, physiotherapeutische Maßnahmen, entzündungshemmende, schmerzlindernde Medikamente sowie Ruhe für den Patienten.

Chirurgische Therapie:

Bei neurologischen Ausfällen und Schmerzen, die auf Schmerzmittel nicht ansprechen. Das Ziel der Operation ist es, die eingeschlossenen Nervenwurzeln vom Druck zu befreien. Durch die Druckentlastung kann sich das Nervengewebe in der Folge meist erholen. Damit sind die Voraussetzungen dafür geschaffen, dass die neurologischen Funktionen langsam wiederkehren.

Gleichermaßen wie bei der konservativen Therapie beinhaltet die Rehabilitationsphase:

- Einhaltung einer sechswöchigen Ruhigstellung des Patienten
- Massagen zur Schmerzbekämpfung
- Stabilisierungsübungen und andere Übungen zum Aufbau der Rücken- und Hinterhandmuskulatur
- Unterstützende physikalische Maßnahmen, insbesondere Lasertherapie
- Bei Übergewicht: Gewichtsreduktion

Die Prognose ist meist gut, solange keine deutlichen Lähmungen auftreten. Im Gegensatz zum Rückenmark selbst haben die Nervenfasern der Cauda equina ein recht hohes Regenerationsvermögen. Bei sehr großen und temperamentvollen Hunden ist jedoch mit einer längeren Heilungszeit zu rechnen, da sich bei ihnen strikte Bewegungseinschränkung nur schwierig realisieren lassen.

7.3. Untersuchung und Akuthilfe zuhause / unterwegs

Im Falle einer Verletzung muss schnellstmöglich gehandelt und behandelt werden. So lässt man der Entzündung nicht so viel Zeit, sich zu entwickeln und im Gewebe weiter um sich zu greifen. Mittels sofortiger Entlastung durch Einstellen der Bewegung und je nach Lokalisation durch einen Stütz- oder Kompressionsverband und Kühlung kann dieser Entwicklung entgegengewirkt werden.

7.3.1. Hautwunden

Ist die Haut verletzt, müssen die Haare unbedingt großzügig und vollständig entfernt werden. Inzwischen gibt es Akkuschermaschinen zu erschwinglichen Preisen, die sich für die Notfallapotheke anzuschaffen lohnen. So lassen sich die Haare am einfachsten und effizientesten entfernen. Viele Hunde haben bei der Wundversorgung wegen der Schmerzen nicht die Geduld, lange stillzuhalten. Immer wieder passieren beim Wegschneiden des Fells mit der Schere weitere Verletzungen. Danach sollte die Wunde über längere Zeit, mindestens eine Minute lang, gespült werden. Dazu können Sie normale, sterile Kochsalzlösung oder auch lauwarmes Wasser benutzen. So entfernen Sie die Haarreste, den groben Dreck und eventuell vorhandenes Blut. Anschließend wird die Wunde desinfiziert. Hört die Wunde nicht auf zu bluten oder ist sie tief, suchen Sie spätestens jetzt den Tierarzt auf. Die Tiefe einer Wunde erkennt man oft daran, dass sich bei der Bewegung der Haut die tieferen Strukturen nicht mitbewegen. Also ist die ganze Haut durchtrennt. Bewegt sich hingegen das »Bild« mit, ist die Haut nicht komplett penetriert und Sie können die Wunde problemlos weiterhin selbst behandeln. Einen Sonderfall stellen jeweils Ballenverletzungen dar. Diese würde ich immer dem Tierarzt zeigen. Da das Ballenfettgewebe hervorquillt, werden die Wundränder auseinandergedrückt und so heilen die Verletzungen ohne Vernähen selten spontan und unkompliziert zu.

7.3.2. Zerrungen / Dehnungen / Stauchungen

Es ist wichtig, die Verletzung zu lokalisieren. Bei der Ganganalyse braucht es etwas Übung. Die Hinterbeine sind einfacher zu beurteilen. In der Vordergliedmaße täuschen sich viele Hundebesitzer. Gerne gebe ich einen Tipp mit: »Der Hund sagt JA zur gesunden Seite«. Das heißt: Wenn der Kopf beim Auffußen auf einer Seite nach unten nickt, ist das Problem auf der Gegenseite zu suchen. Also ist es nicht ein »Einknicken« der verletzten Seite, sondern das gesunde Bein übernimmt im Bewegungsablauf schneller und mehr Gewicht, um das andere Bein zu entlasten. Tasten Sie nun also das verletzte Bein ab: finden Sie offene Wunden, eine Schwellung oder Hitze? Am einfachsten entdecken Sie solche Auffälligkeiten, wenn Sie beide Seiten gleichzeitig parallel abtasten und auf die Symmetrie achten. In einem weiteren Schritt untersuchen Sie alle Gelenke einzeln. Dabei achten Sie auf die Reaktion Ihres Hundes, die Beweglichkeit und den Fluss der Bewegung. Ist Ihr Patient hart im Nehmen und zeigt kaum Schmerz, beobachten Sie ihn genau. Manche Hunde zeigen lediglich eine Reaktion der Pupillen. Weiten Sie sich schnell, ist dies ein Zeichen von Stress. Die meisten Hunde spannen die Muskeln an, ziehen die Gliedmaße zurück oder zeigen mindestens Beschwichtigungssignale wie Wegschauen, Schmatzen und die Ohrstellung verändert sich. Zur Untersuchung legen Sie Ihren Hund auf die Seite. Wenn Ihr Hund dies nicht so gewohnt ist, beginnen Sie damit, ein gesundes Bein zu untersuchen, damit sich der Hund langsam entspannen kann. Auch wenn Sie sich dann dem verletzten Bein zuwenden, gehen Sie sachte vor und machen einen Durchgang der Untersuchung, ohne große Belastung auf die Gelenke auszuüben. Arbeiten Sie sich systematisch durch das Bein durch. Beginnen Sie unten bei den Zehen und arbeiten Sie sich langsam hoch. Fassen Sie den Hund immer mit beiden Händen an. Bewegen Sie nun jedes Gelenk durch. Mit der einen Hand fixieren Sie sanft das Bein gleich oberhalb der zu untersuchenden Stelle und mit der anderen Hand bewegen Sie das Gelenk. Achten Sie strikt darauf, nur das jeweils zu untersuchende Gelenk zu bewegen. Dies braucht etwas Übung, auch von Seiten des Hundes. So vermeiden Sie Fehlinterpretationen. Oft wird zum Beispiel bei der Bewegung des Fersengelenkes das Kniegelenk mitbewegt. Eine andere häufige Fehlerquelle besteht darin, dass die festhaltende Hand dem Hund Schmerzen zufügt und gar nicht die Bewegung des Gelenkes. Oft können Sie nach einem ersten Überblick schon recht genau sagen, an welcher Stelle der Hund Schmerzen hat. Vielleicht merken Sie auch, dass das Gelenk eine stark eingeschränkte Beweglichkeit hat oder gar unsauber läuft und ein »knirschendes« Reibegefühl entsteht. In einem solchen Fall sollten Sie unbedingt den Tierarzt aufsuchen. Generell empfehle ich, bei jeder Unsicherheit den Fachmann aufzusuchen. So kann die Behandlung ideal gestaltet werden, denn auch aus einer kleineren Verletzung kann ein größeres, chronisches Problem entstehen.

Akuthilfe bei Schwellungen und Blutergüssen: Kühlende Umschläge mit nassen Tüchern oder in Geschirrtücher eingewickelte Kühlelemente für drei Mal täglich etwa acht Minuten während der ersten zwei Tage. Danach kann schon auf Wärmetherapie umgestellt werden. Diese applizieren Sie am einfachsten mit Wärmepackungen oder kleinen Wärmeflaschen.

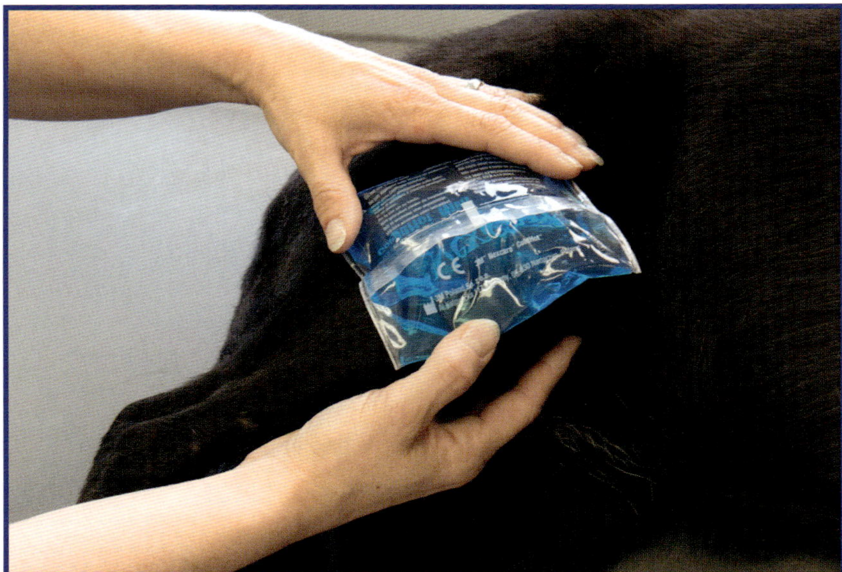

Ein Kühlbeutel kann schnelle Linderung bringen.

Achten Sie aber immer darauf, dass der Hund diese nicht zerstören und sich dadurch verbrühen kann. Die Wärmepackungen sollten etwa fünfzehn Minuten lang einwirken können, um den Effekt auch in der Tiefe zu erreichen. Achten Sie auf die Vorlieben Ihres Hundes. Ist ihm die Kühlung respektive Wärme unangenehm, versuchen Sie die gegenteilige Therapie. Er wird instinktiv spüren, was das Beste für ihn ist. Zur weiteren Behandlung können Sie auch speziell für Tiere hergestellte entzündungshemmende Salben auftragen. Um deren Eindringeffekt zu verbessern, können Sie einen Salbenverband anlegen. Wickeln Sie um die mit einer dicken Salbenschicht belegte Stelle zusätzlich etwas Zellophan. Achten Sie aber streng darauf, dieses nicht zu eng anzuziehen oder zu lange (länger als zehn Minuten) zu belassen. Auch müssen Sie die Einwirkzeit unbedingt langsam steigern, um die Reaktion der Haut beobachten zu können. Gewisse Hunde reagieren auf einzelne Wirkstoffe zu stark oder sogar allergisch. Ich empfehle Salben mit natürlichen Inhaltsstoffen, denn die anderen wirken auf Hunde oft zu stark blutverdünnend. Stellt sich innerhalb der ersten zwei Tage keine deutliche Besserung ein oder ist sein Allgemeinbefinden sogar gestört, konsultieren Sie unbedingt Ihren Tierarzt. Zeichen starker Schmerzen sind oft Fress- und Bewegungsunlust, ein »trauriger Blick« oder einfach das Fehlen gewohnter Eigenschaften. Zum Beispiel kommt er Ihnen nicht mehr freudig entgegengelaufen, wenn Sie Halsband und Leine von der Garderobe nehmen. Vermeidet Ihr Hund plötzlich das Treppensteigen oder zeigt Mühe beim ins oder aus dem Auto springen, deutet dies auch auf einen schmerzhaften Prozess hin.

Wir gehen jetzt einmal davon aus, dass Ihr Hund nach zwei Tagen wieder ohne Lahmheit ist. Was nun? Führen Sie ihn sanft wieder an die Belastung heran. Ich empfehle, den ersten Freilauf-Versuch gegen Ende eines Leinenspazierganges zu machen. Erstens ist er dann aufgewärmt und zweitens schon etwas ausgepowert. Beginnen Sie mit fünf Minuten. Steigern Sie dies, solange der Hund weiterhin schmerzfrei ist, um jeweils fünf weitere Minuten. So können Sie Ihrem Hund innerhalb einer Woche wieder lange freie Spaziergänge bieten. Als nächsten Schritt bringen Sie kurze Trainingseinheiten in Ihren Plan ein. Immer so kurz und mit geringer Intensität gewählt, dass Ihr Hund während der Belastung und vor allem auch danach keine Schmerzanzeichen zeigt. Erleidet der Hund einen kleinen Rückfall, gehen Sie in Ihrem Plan einen Schritt zurück. Das Ziel sollte sein, ihn innerhalb von zwei bis drei Wochen wieder voll im Training stehen zu haben. Ansonsten bleibt Ihnen spätestens jetzt der Gang zum Facharzt nicht erspart.

Bedenken Sie: Der Aufbau soll langsam und kontrolliert erfolgen. Absolut zu vermeiden sind Kaltstarts und generell »Stop-and-Go-Belastungen«. Diese sind schon beim gesunden Hund Gift für den Bewegungsapparat.

7.4. Reha zuhause

Handelt es sich um eine langwierigere, größere Verletzung, ist es unabdingbar, dass Sie mit Ihrem Hund Zuhause Übungen zur Rehabilitation machen, wollen Sie Ihren Hund schnellstmöglich wieder fit machen. Viele Übungen des Koordinationstrainings für Welpen und Junghunde (siehe dort) sind dafür bestens geeignet.

Ein paar weitere Übungen:

- Ausgleichübung: Lassen Sie Ihren Hund stehen. Setzen Sie sich hinter ihn und legen Sie Ihre beiden Hände auf die Hüftgelenke des Hundes. Stören Sie nun sanft mit leichtem Druck sein Gleichgewicht abwechselnd in beide Richtungen. So wird er mit der Gegenseite Gegendruck geben und stemmen müssen. Üben Sie den sanften Druck jeweils etwa acht Sekunden lang und steigern Sie diese Zeitdauer bis 20 Sekunden. Wichtig: Lassen Sie den Druck langsam los, sodass er langsam seine Balance wiederfinden kann.

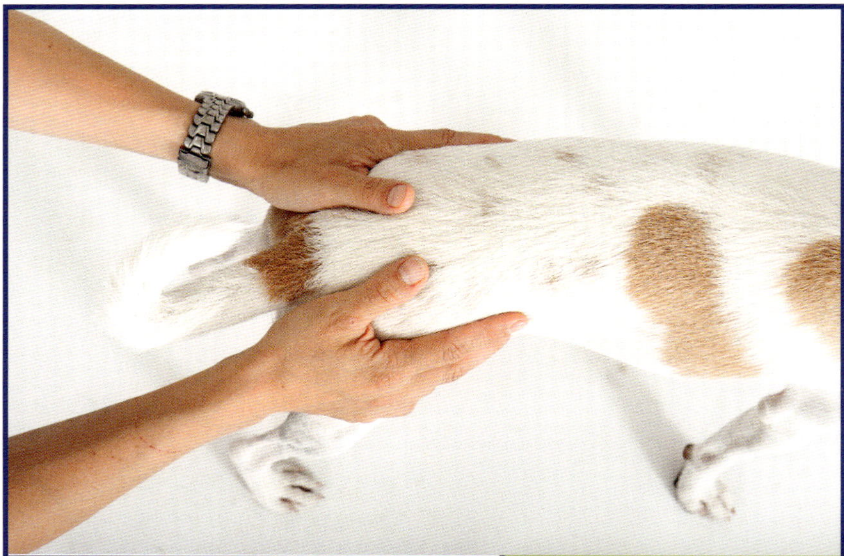

Der Hund muss mit Hintergliedmaßen- und Rückenmuskulatur gegen den sanften Druck arbeiten.

Das Ziel der Rehabilitation ist es, die physiologische Funktion schnellstmöglich wiederherzustellen und bis dahin zu verhindern, dass der Hund durch Fehlbelastung sekundäre Probleme entwickelt oder durch das Schonen zu viel Muskelgewebe verliert.

- Einseitige Beinbelastung: Die Ausgangsstellung ist dieselbe wie in der Ausgleichübung. Nun heben Sie abwechslungsweise jeweils ein Hinterbein etwas hoch, sodass er auf einem Bein stehen und damit das ganze Gewicht übernehmen muss. Halten Sie diese Stellung anfänglich jeweils etwa acht Sekunden lang und steigern Sie die Wiederholungen und Zeitdauer langsam. Anfänglich empfehle ich jeweils zehn Wiederholungen, später dann bis zu 20 Wiederholungen.

Bei der Übung der »einseitigen Belastung« ist es wichtig, dass der Hund in seiner Achse nicht gestört wird, sein Rücken also gerade gehalten wird.

- Zugarbeit: Lassen Sie Ihren Vierbeiner mit einem Zuggeschirr Objekte oder Sie selbst ziehen. Ich verweise auf das Kapitel »Belastungsarten«.

Beim Lauftraining im Zuggeschirr baut der Hund die Hintergliedmaßen- und Rückenmuskulatur auf, ohne die Vordergliedmaße stark zu belasten.

- Treppensteigen: Langsames kontrolliertes Treppensteigen

7.5. Reha in der Praxis / Physiotherapie

Einsatzgebiete in der Praxis:

- Arthrose (Gelenke und Wirbelsäule)
- Rückenprobleme (Bandscheibenvorfälle und Spondylose)
- Muskelverlust durch Schonhaltung (Muskelatrophie)
- Schmerzhafte Muskelverspannungen
- Rehabilitation nach orthopädischen Operationen bei Kreuzbandrissen, Bandscheibenoperation, Cauda equina-Operation, Patellaluxation oder Knochenbrüchen etc.
- Patellaluxation (Kniescheibenverrenkung)
- Sehnen- und Sehnenscheidenerkrankungen (z.B. Bizepssehne)
- Erkrankungen und Schäden am Nervengewebe
- Hüftgelenks- und Ellbogengelenksdysplasien
- Cauda equina-Syndrom
- Allgemeine Verletzungen nach Unfällen
- Gesunderhaltung von alten Tieren, Geriatrie

Erfahrungsgemäß sprechen die Tiere sehr schnell und gut auf die Therapien an und der Erfolg zeigt sich meist in einer deutlichen Zunahme der Lebensqualität und Verkürzung der Heilungszeit. Jeder Fall sollte individuell beurteilt und behandelt werden.

In der Praxis haben wir auf Grund der Infrastruktur und des Fachpersonals eine Vielzahl von Rehamöglichkeiten anzubieten. Welche Möglichkeiten bei Ihnen in der Nähe angeboten werden, müssen Sie selbst erfragen, aber in diesem Kapitel erhalten Sie einen Überblick über die Therapie-Möglichkeiten und deren Grenzen. Sie können so gezielter auf die Suche nach dem idealen Therapieweg gehen, der auch die Kombination verschiedener Behandlungsarten beinhalten kann.

7.5.1. Manualtherapie

Spezifische Massagen für die verschiedenen Strukturen wie Muskulatur, Sehnen und Bindegewebe und Lymphdrainage gehören zur klassischen Manualtherapie. Es gibt aber auch einige Mobilisationstechniken für Gelenke. Ob nach einer Verletzung oder Operation, ob in der Geriatrie: Auch beim Hund helfen diese Methoden, schonungsvoll und äußerst effizient, seine Lebensqualität zu verbessern und die Regenerationszeit deutlich zu verkürzen.

Ganz generell wirken sie spannungsabbauend und durchblutungsfördernd. Sie helfen dem Patienten, wieder beweglicher zu werden. Sie stellen das Gleichgewicht der Spannung in den verschiedenen Muskeln und Muskelgruppen wieder her, wirken direkt und indirekt schmerzlindernd, entzündungshemmend und fördern den Abtransport der Entzündungsprodukte. Nach Instruktion kann auch der Tierbesitzer selbst mitbehandeln, dennoch ist die Qualität eines professionellen und erfahrenen Therapeuten unabdingbar. Bei der Lymphdrainage wird der Rücktransport der Lymphe angeregt, was insbesondere beim Verbandswechsel sehr wichtig sein kann.

Die Manualtherapie schließt verschiedene Techniken ein, welche jeweils dem Patienten und seiner Problemstellung angepasst werden müssen.

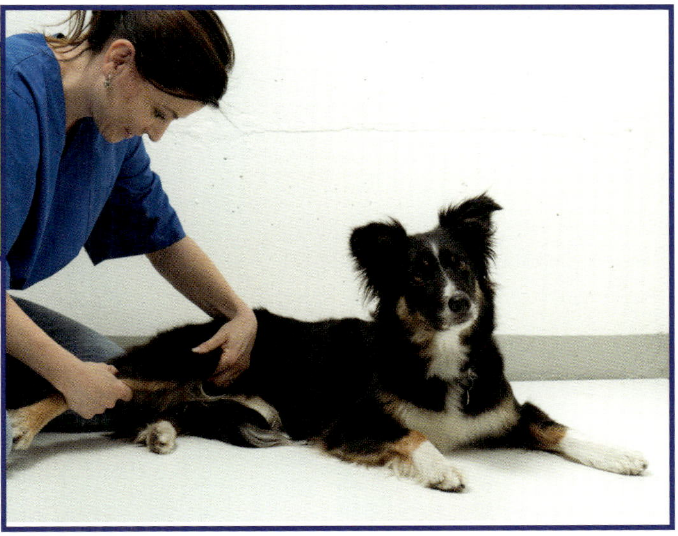

Osteopathie: Eine sanfte Methode und eine Sonderform der Manualtherapie. Aufgrund der Zusammenhänge zwischen dem Bewegungsapparat und den inneren Organen wird damit der Hund ganzheitlich behandelt. Dem Körper wird ein Input gegeben, welchen er dann selber weiterverwertet, wodurch sogar weitere Verbesserungsschritte des Gesundheitszustandes beobachtet werden können. Diese Methode wirkt sehr entspannend und eignet sich insbesondere bei chronischen Problemen und Hunden, die sich nicht so unkompliziert anfassen lassen.

Chiropraxis: Dies ist eine biomechanische Behandlungsform, welche die normale Beweglichkeit der Gelenke, insbesondere des Rückens, wiederherstellen soll. Chiropraktiker behaupten, dass das Gelenk ein Gedächtnis besitzt, welches sofort reagiert, sobald das Gelenk wieder in die normale physiologische Stellung gebracht wird. Es gibt einige, aber nur wenig gute Therapeuten. Informieren Sie sich unbedingt vor dem Aufsuchen eines Chiropraktikers über dessen Werdegang und fachliche Kompetenz (z.B. Ausbildungsweg erfragen). So gut diese Methode wirkt, so sehr kann sie auch schaden.

7.5.2. Physikalische Methoden

Laser: Die Lasertherapie lässt das Gewebe schneller verheilen, insbesondere hilft sie bei Muskelproblemen, Narbenheilung und Wundheilung im Allgemeinen. Die Behandlung ist absolut schmerzfrei. Mit dem Laserstift können einzelne Punkte und kleine Regionen behandelt werden. Dank einer sogenannten Laserdusche kann auch großflächig behandelt werden, was gerade bei muskulären Problemen sehr hilft. Die Lasertherapie ist nur wirkungsvoll, wenn die Wellenlänge und Laserklasse stimmen. Kleine Handgeräte erzeugen zu wenig wirkungsvolle Wellen. Diese dringen nicht genügend tief ins Gewebe ein. In unserer Praxis wenden wir den Laser vor allem unterstützend zu den Massagen und Mobilisationen an. Wir helfen damit, Muskelverhärtungen zu reduzieren, Verletzungen besser und schneller verheilen zu lassen, rascher neue Gefäße einsprossen zu lassen und Wachstum von neuem Gewebe zu fördern. Der Laser beschleunigt den Stoffwechsel der einzelnen Zelle um das Fünffache.

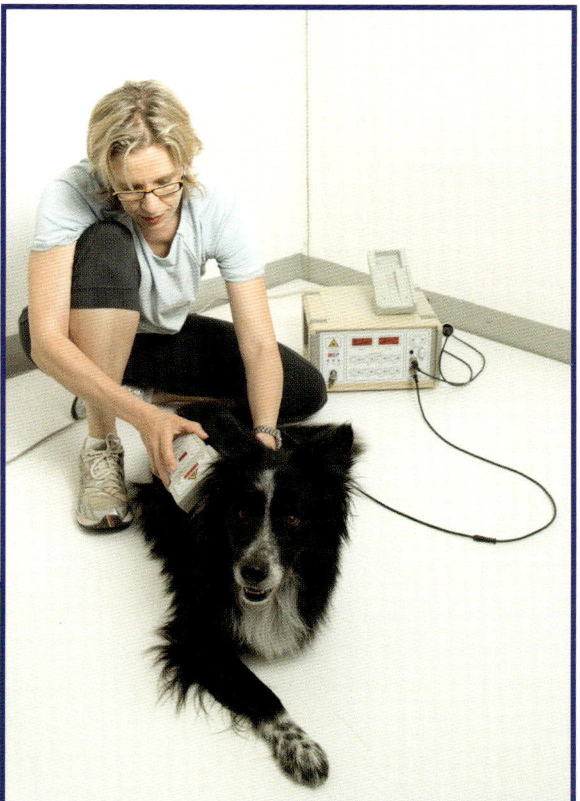

Ein Border Collie während einer Laserbehandlung. Hier wird seine Schultergürtelmuskulatur gelockert, welche aufgrund eines Kreuzbandrisses durch Kompensation verspannt ist.

Therapeutische Ultraschall: Er ist eine schonende Methode zur Verminderung von Entzündungen der Gelenke und von Sehnenansätzen, was zu einer starken Reduktion von Schmerzen führt. Die Vibrationen, die durch die Piezokristalle im Schallkopf entstehen, werden durch die Schallwellen ins Gewebe transportiert und fortgeleitet. Dadurch entsteht eine Mikromassage im Gewebe. Da die Temperatur in der behandelten Region steigt, ist auch hier eine fachgerechte Anwendung essenziell, um Schäden durch eine zu hohe Temperatursteigerung zu verhindern. Durch die Mikromassage entsteht eine Beschleunigung der Heilung, akute entzündliche Prozesse werden durch schnelleren Abtransport der Entzündungsprodukte eingedämmt und nicht zuletzt: Die Durchblutung steigt. Der Patient zeigt unmittelbar nach der Behandlung eine Besserung. Außer der leichten Erwärmung spürt er nicht viel von der Behandlung, also ist auch diese Behandlungsmethode absolut schmerzfrei. Wir wenden sie insbesondere zur Unterstützung der Heilung bei Gelenk- und Sehnentraumata und -entzündungen an, wie zum Beispiel bei einer Kreuzbandverletzung.

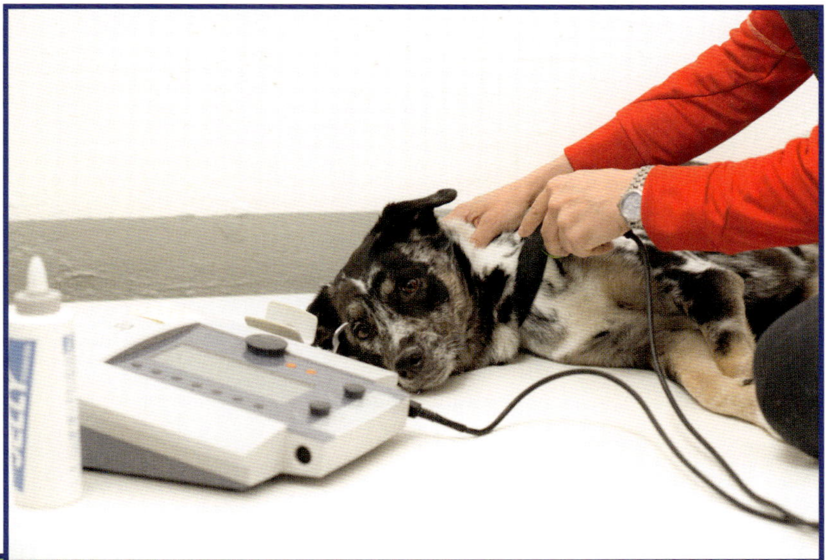

Ultraschalltherapie einer Bizepssehnenentzündung.

Stoßwellentherapie (ERSW: extrakorporale radiale Stoßwellentherapie): Ziel der Stoßwellentherapie ist es, Schmerzen zu lindern und einen Heilungsprozess im Bereich von Knochen, Weichteilen und Sehnen zu stimulieren. Eine außerhalb des Körpers produzierte pneumatische Stoß-/Druckwelle wird auf die Schmerzregion gerichtet. Mit einer sehr hohen Intensität dieser Wellen (um die 2 Bar, dies entspricht doppeltem Atmosphärendruck) werden pro Behandlung meist 2000 Impulse mittels einer Pistole, dem sogenannten Stempel, verabreicht. Bei der ersten Behandlung stellt der Therapeut dem Patientenbesitzer zuerst einige gezielte Fragen zum Krankheitsverlauf, zur bisherigen Therapie und zur momentanen Situation, um die optimale Behandlungslokalisation und -intensität festzulegen. Dann erfolgt die Behandlung im betroffenen Bereich mittels eines Druckimpulses. Eine Behandlung mit radialen Stoßwellen ist oft nicht sehr angenehm. Eine Reaktion des behandelten Gewebes, die durchaus ein bis zwei Tage anhalten und mit einer vorübergehenden leichten Schmerzzunahme verbunden sein kann, wird hervorgerufen. Normalerweise wird nach drei Behandlungen eine ca. achtwöchige Pause eingelegt. So kann weiter abgewartet werden, damit der Behandlungserfolg abschließend besser beurteilt werden kann. Bei Bedarf kann die Stoßwellentherapie problemlos weitergeführt werden, bis eine weitere Linderung der Beschwerden eintritt.

Mögliche Einsatzgebiete der Stoßwellentherapie

- Sehnenansatzprobleme
- Arthrosen
- Bei Knochenbruch verzögerte Knochenheilung
- Spondylosis
- Hüftgelenksdysplasie
- Legg-Clavé-Perthes-Krankheit (Absterben des Hüftgelenkkopfes bei Kleinrassen)

Wirkungsweise der Behandlung

- Entstehen neuer Blutgefäße in der behandelten Region.
- Ausschüttung von Wachstumsfaktoren und entzündungshemmenden Produkten (zum Beispiel der Substanz P). Der Effekt kann mit dem eines verabreichten Schmerzmedikamentes verglichen werden. Dies führt zur Schmerzreduktion oder -freiheit und Erweiterung der Blutgefäße.
- Bei mangelnder Knochenbruchheilung beschleunigte Knochenzubildung.

- Vermehrung aufbauender Zellen (beim Einsatz an einer Sehne).

- Radiale Stoßwellen bewirken die Freisetzung freier Radikale. So werden körpereigene zelluläre Abwehrmechanismen gestärkt – der Körper beginnt, sich aktiv gegen seine Erkrankung zu wehren.

- Aufsteigende Schmerzreize werden durch Überstimulation von Nervenfasern blockiert und führen so zu einer Verstärkung der schmerzlindernden Wirkung.

Der Haupteffekt der Entzündungshemmung und das Nachlassen des Schmerzes setzen nach etwa fünf bis neun Tagen ein. Dies zeigt, dass die Therapie lediglich dem Körper den Anstoß gibt, das Gewebe zu regenerieren und zur »Selbstheilung« zu bringen. Es ist aber für den Hundebesitzer wichtig zu wissen, dass man beispielsweise eine Arthrose nie heilen kann. Das Ziel einer Arthrosebehandlung ist es, die Schmerzen zu lindern oder zu stoppen. Ein Arthrosegelenk wird aber immer arthrotisch sein. Jedoch kann bei Behandlungserfolg die Entzündung, die sekundär entsteht, eingedämmt oder eliminiert werden. Nach unserer Erfahrung sind die Behandlungserfolge sehr davon abhängig, welche Routine die behandelnde Person mitbringt, welche Einstellungen vorgenommen werden und welches Gerät verwendet wird. Mittlerweile können wir bei unseren Patienten nun erste Langzeitverläufe beobachten. Bei einer erfolgreichen Behandlung – meist drei Behandlungen – hält die Schmerzlinderung ein Jahr und länger an. Jede Behandlung dauert weniger als fünfzehn Minuten.

Bei unseren Patienten verzeichneten wir folgende Erfahrungen und Resultate:

Sehnenansatzprobleme

Behandelte Hunde:	38 Hunde
Schmerzfreiheit nach zwei Monaten:	28 Hunde
Verbesserung nach zwei Monaten:	7 Hunde
Kein Effekt:	3 Hunde

Arthrose

Behandelte Hunde:	88 Hunde
Deutliche Verbesserung der Symptome:	72 Hunde
Leichte Verbesserung der Symptome:	11 Hunde
Keine Verbesserung:	5 Hunde

Nebenwirkungen:

Am Ort des Einsatzes sind Hautrötungen und/oder Blutergüsse möglich. In der Regel muss der Patient während der Behandlung mit Beruhigungsmitteln leicht sediert werden.
Leider handelt es sich bei der Stoßwellentherapie nicht um ein kostengünstiges Verfahren. In der Regel werden drei Behandlungen durchgeführt, jeweils im Abstand von ein bis drei Wochen. Inklusive Anästhesie und Konsultationen entstehen pro Behandlung Kosten von zwischen 200 und 250 Euro. Im optimalen Fall können dadurch eine Operation und eine langfristige Eingabe von Schmerzmedikamenten mit all deren Risiken und Nebenwirkungen wegfallen. Das lässt die Kosten-Nutzen-Analyse wieder besser aussehen. Es gibt noch immer nur wenige Praxen, die diese Therapieform anbieten, da die Anschaffungskosten für das Gerät sehr hoch sind.

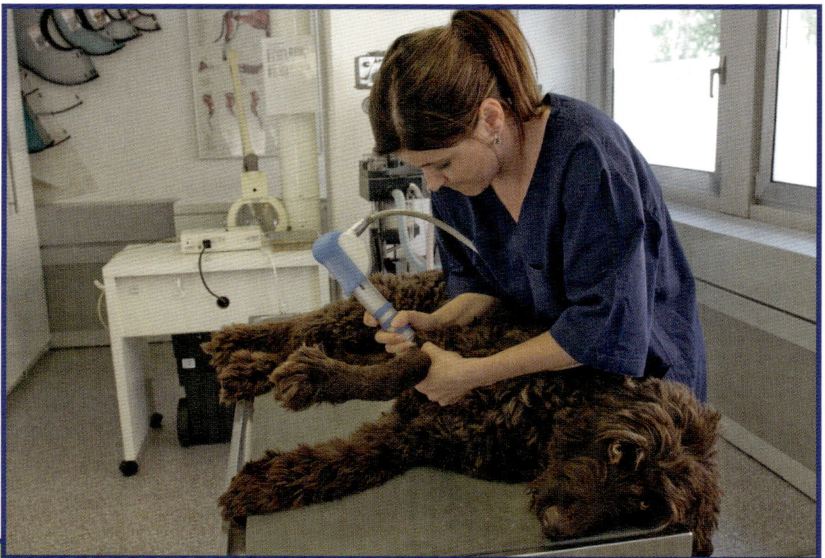

Extrakorporale Stoßwellentherapie zur Behandlung einer Ellbogengelenksentzündung. Wenn der Patient sehr kooperativ ist, kann die Therapie lediglich unter Schmerzausschaltung (hier Morphium) durchgeführt werden. Meist aber muss der Hund dafür in Anästhesie gelegt werden.

T.E.N.S. (Transcutane Elektro-Neuro-Stimulation): Sie dient zur Bekämpfung von akuten Schmerzzuständen verschiedener Ursachen. Durch Elektroden, welche mit Kontaktgel auf die Haut aufgebracht werden, fließt leichter Strom. Dieser wird nicht als schmerzhaft wahrgenommen, sondern vielmehr als leichtes, oft angenehmes Kribbeln. Die Nervenzellen werden gewissermaßen erschöpft und können eine Weile den Schmerz nicht mehr weiterleiten. So setzen wir das kleine und handliche Gerät zum Beispiel beim Bandscheibenvorfall als schmerzhemmende Maßnahme ein. Nach Instruktion kann der Besitzer diese Behandlung problemlos auch zu Hause durchführen.

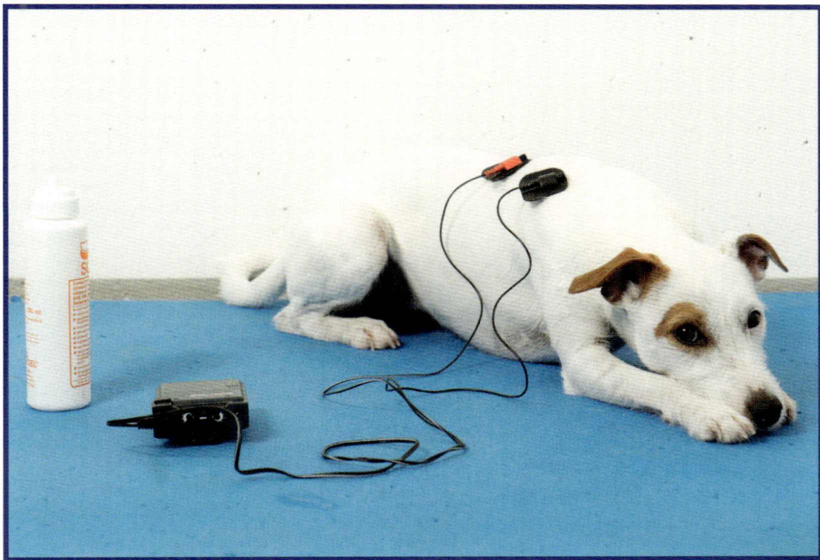

T.E.N.S. - Behandlung zur Schmerzbekämpfung im Wirbelsäulenbereich.

Infrarottherapie: Mit 18 Infrarotlampen wird die Muskulatur durch alternierende Einwirkung auf eine sehr angenehme und einfache Art durch Wärmeeinwirkung nachhaltig vermehrt durchblutet und gelöst. Auch Entzündungszellen werden dadurch schneller aus dem Gewebe transportiert. Ideal und unterstützend bietet sich diese Methode natürlich auch bei Arthrosepatienten an. Die geeigneten Infrarotwellen sind kurzwellig, IR-A (also nahes Infrarot) und haben ein Spektrum von 780 - 1400 nm. Die mit Strom betriebenen Infrarotstrahler geben bis zu 86 % der Energie als Strahlung ab, welche die Patienten als angenehm empfinden, da die entstehende Wärme durch die auftreffende Strahlung, also knapp unterhalb der Hautoberfläche erzeugt wird.

Unterwassermassage: Dabei handelt es sich um eine Therapieform, bei der eine Massage mittels eines speziellen Duschkopfs mit Impulswasserstrahl ausgeführt wird. Das Gewebe wird so intensiv massiert und somit steigt die Durchblutung rasch an. Oft benutzen wir diese Therapieform, wenn der Patient so schmerzhaft ist, dass er sich manuell nicht behandeln lassen möchte. So können Narbengewebe erweicht, Gewebeverklebungen gelöst und Stoffwechselprodukte schneller abtransportiert werden.

Malinoishündin nach der Schwimmtherapie unter dem Infrarotgerät.

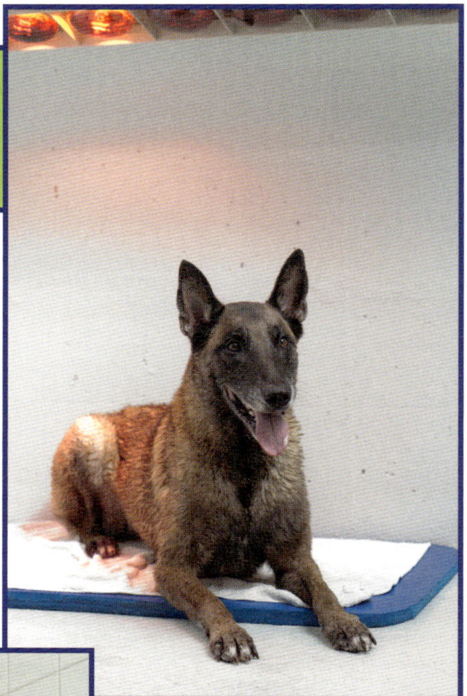

Die Unterwassermassage ist eine effiziente Methode, um großflächige Verspannungen zu lösen.

Kältetherapie: Sie ist die Behandlung mit intensiver Kälte in Form von Eiskompressen (mit Eiswürfeln gefüllte oder gefrorene Frottiertücher), tiefgekühlten Gelbeuteln oder direkter Eismassage.

Wirkungsweise der Kältetherapie:

- die Blutgefäße ziehen sich zusammen
- Wärmeentzug
- schmerzlindernd, anästhesierend
- der Stoffwechsel wird lokal angeregt, damit wird auch die Entzündung herabgesetzt
- abschwellend

Indikationen:

- Akute Schwellungen nach Prellungen und Ergussbildung
- Blutungen
- Muskelkrämpfe
- Gelenksteife

Wärmetherapie: Sie ist die Behandlung mit gestrahlter oder geleiteter Wärme durch Heißluft, heiße Rolle (mit heißem Wasser getränkte aufgerollte Frotteetücher, die Wärmeintensität bleibt durch das Abrollen während der Therapiesitzung erhalten), Wärmekissen oder Warmpackungen.

Wirkungsweise der Wärmetherapie:

- Schmerzlinderung
- Abnahme der Gelenksteife
- Reduktion von Schwellung

- Entlastung bei Muskelkrämpfen
- die erhöhte Durchblutung des betroffenen Gebiets bietet den Proteinen, den Nährstoffen und dem Sauerstoff besseren Zugang für eine schnellere Heilung
- über denselben Mechanismus der besseren Durchblutung wird die Ausscheidung von Kohlendioxid und Abfallprodukten des Stoffwechsels angeregt
- Muskelentspannung
- Verbesserung der Dehnbarkeit des Bindegewebes

Indikationen:

- Arthroseschmerz
- Muskelschmerz
- Kontraktur
- Schleimbeutelentzündung
- bei Überlastungsschäden wie Muskelzerrungen und Gelenkverstauchungen

7.5.3. Bewegungstherapie

Passive Bewegungstherapie

Bei der passiven Bewegungstherapie wird die Bewegung durch den Therapeuten und nicht durch den Hund selbst durchgeführt. Anhand eines Beispiels ist dies wohl am einfachsten zu erklären: Ein Patient hatte ein paar Wochen einen Verband angelegt. Nun muss die Gliedmaße wieder mobilisiert werden. Ich führe die gewünschten Bewegungen der Gliedmaße durch, zum Beispiel Beugung und Streckung. So kann ich das Maß und die Richtung der Bewegung kontrollieren. Diese Form der Bewegungstherapie verbessert die Beweglichkeit und löst Verklebungen des Gewebes.

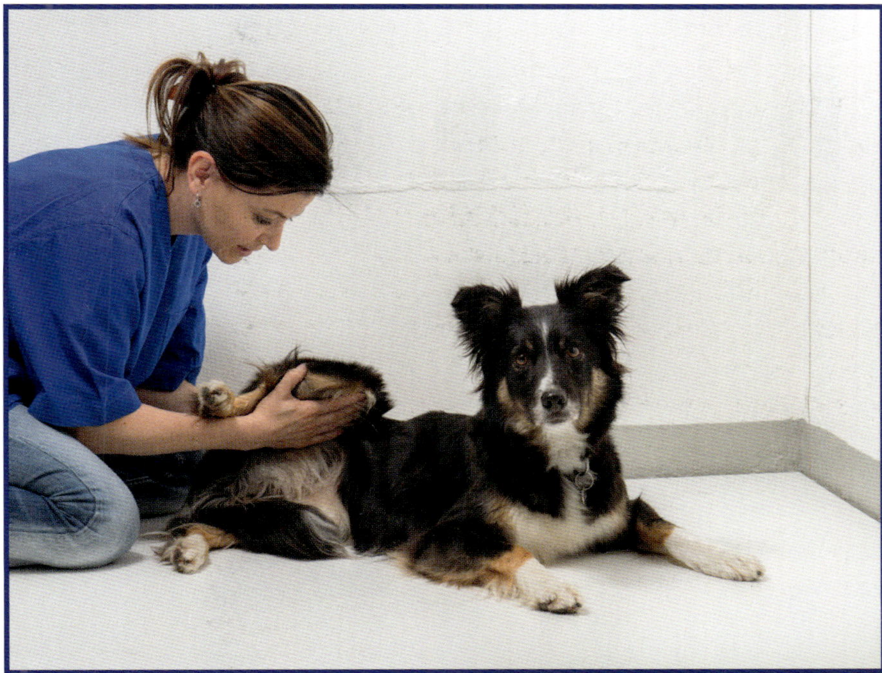

Die Therapeutin führt die Gliedmaße in die gewünschte Bewegung und Stellung.

Aktive Bewegungstherapie

Hydrotherapie (Schwimmtherapie):

Schwimmen mit dem Hund entwickelt sich immer mehr zu einer bewährten Behandlungsmethode innerhalb der Physiotherapie. Es muss unterschieden werden zwischen der eigentlichen Schwimmtherapie, die durch eine dazu ausgebildete Fachperson ausgeführt wird, und dem Wellness-Schwimmen (Freizeitschwimmen), bei dem der Hund mit dem Hundebesitzer oder auch für sich frei schwimmt.

Hier gehe ich nun zuerst auf das therapeutische Schwimmen ein: Die Therapie des einzelnen Hundes sollte auf sein spezifisches Problem ausgerichtet werden. Es existieren keine generalisierten Behandlungsschemata. Je nach vorliegender Krankheit, Trainingszustand und angestrebtem Ziel wird der Therapieplan zuerst gemeinsam mit Besitzer, Tierarzt und Schwimmtherapeut besprochen und dann vorläufig festgelegt. Bei Bedarf wird zusätzlich der Tierphysiotherapeut hinzugezogen. Auch während der laufenden

Therapiewochen muss jede Therapiesitzung protokolliert, besprochen und auf den Verlauf abgestimmt und angepasst werden, um den besten Erfolg zu gewährleisten. Die häufigsten Fälle, die in unsere Praxis zu physiotherapeutischen Behandlungen überwiesen werden und bei welchen wir dann auch das Schwimmen therapeutisch einsetzen, sind folgende Problemstellungen:

- HD und ED (Hüftgelenk- und Ellbogengelenksdysplasie)
- Bandscheibenvorfälle (operiert oder konservativ behandelt)
- Cauda equina-Syndrom
- Rückenmarksinfarkte
- Wiederaufbauhilfe nach Operationen (zum Beispiel nach komplizierten Knochenbrüchen, Knieoperationen etc.)
- Arthrose
- bei allen möglichen Nervenverletzungen

Der Effekt des Schwimmens liegt nicht nur darin, dass Muskeln, Sehnen und Bänder gestärkt werden, ohne die Gelenke zu belasten. Es wird das ganze Körpergleichgewicht, spezielle Muskelgruppen, insbesondere die Gruppe der tiefen Stütz- und Haltemuskulatur und die Beweglichkeit gefördert. Der Schwimmtherapeut kann die Belastung sehr selektiv anpassen. Er kann schon nur durch den Einsatz der Schwimmweste, durch kleine Variationen im Anlegen des Trainingsgeschirres oder durch Belastungen und Zugkräfte, welche er auf den Hund überträgt, beeinflusst werden. Als weitere Möglichkeit können Motivationshilfen, wie zum Beispiel ein Spielzeug, den Bewegungsablauf beeinflussen. In meiner Praxis verzichten wir bewusst auf eine Gegenstromanlage. Beim Gebrauch einer solchen wird (wie auf dem Unterwasserlaufband) die Vorführphase (das heißt die Phase, in welcher der Patient seine Beine gegen den stark erhöhten Widerstand nach vorne bringt) gefördert. Das therapeutische Ziel ist jedoch in den meisten Fällen die Stützphase, das heißt also, die Stützfunktion des Bewegungsapparates sowie die Rückführphase der Gliedmaße zu fördern. Fragen Sie Ihren Therapeuten, ob bei Ihrem Hund durch diese Anlagen wirklich das richtige Ziel verfolgt wird, oder ob einfach »nur« konventionell mit den Kräften des Schwimmtherapeuten und des Hundes gearbeitet werden soll. Jeder seriöse Therapeut wird sich die Zeit nehmen und Ihnen Details dazu erläutern.

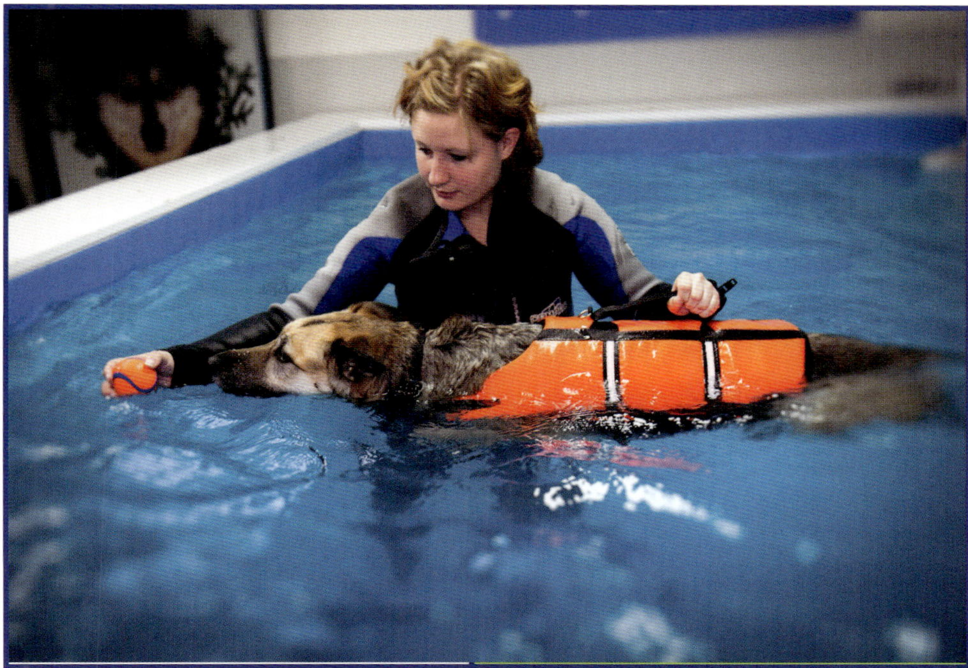

Die Schwimmtherapie hat vielfältige Einsatzmöglichkeiten. Hier ein Schäferhund mit schwerer Hüftgelenksdysplasie.

Wie sieht die Behandlung konkret aus? Im Groben könnte ein Behandlungsschema etwa folgendermaßen aussehen: sechs Wochen lang, zweimal wöchentlich zwischen fünf und dreißig Minuten Training, je nach Fitness des Hundes. Die einzelne Trainingseinheit wird jeweils durch Ruhepausen unterbrochen und in Sequenzen aufgeteilt. Diese Pausen sind in der Dauer und Häufigkeit natürlich auch individuell anzupassen. Das Schwimmen ist viel kräfteraubender, als es oberflächlich betrachtet erscheint. Eine einzelne Sitzung bedeutet weit mehr Anstrengung als ein längerer Spaziergang, der im flotten Trab absolviert wird. Nach jeder Schwimmeinheit wird der Hund unter eine Infrarotlampe mit 18 Strahlern gelegt. Durch die schonende Art der Wassertherapie kann schon sehr früh nach einer Verletzung oder einem operativem Eingriff mit der Therapie begonnen werden. Als Beispiel: Ein Polizeihund wurde wegen eines Bandscheibenvorfalls operiert und konnte in der darauf folgenden Woche bereits mit der Schwimmtherapie beginnen. Da der Hund schon vor der Operation auf dem Trockenlaufband aufgebaut werden konnte, war er muskulär in sehr gutem Zustand. Nach sechs Wochen konnte der Hund wieder in den Dienst eintreten. Ohne diese Aufbau- und Koordinationsarbeit wäre die Wiederaufnahme der Arbeit sicher erst zu einem viel späteren Zeitpunkt (im Bereich von Monaten) möglich gewesen. Auch in Fällen mit Lähmungserscheinungen kann der Hund schon lange wieder Bewegungen ausführen, die sonst nicht möglich wären, da der Hund sein Eigengewicht nicht tragen kann. So werden die Nerven wieder stimuliert und die Regeneration kann einsetzen.

Durch die Schwimmtherapie kann der Hund mit viel Spaß schnell Muskulatur aufbauen, ohne dass seine Gelenke belastet werden.

Schwimmen im Alltag:

Will ein Hundebesitzer mit seinem (gesunden!) Hund zum Spaß, Kreislauftraining, Muskelaufbau oder zur Gewichtsabnahme schwimmen, ist sicher nichts dagegen einzuwenden, es ist sogar sehr unterstützenswert. Das Gewässer sollte von der Stärke der Strömung dem Trainingsstand des Hundes angepasst sein. Die Schwimmdauer darf bei niedrigen Wassertemperaturen (unter 18° C) nie mehr als ein paar wenige Minuten dauern, da sonst Unterkühlung und Infektanfälligkeit drohen. Der Hund, der gerne schwimmt, hat leider kaum »Vernunftsgedanken« und sieht seine Grenzen nicht. Seien Sie seine Vernunft. Hat Ihre »Wasserratte« unbeabsichtigt ein Bad in zu kaltem Wasser genommen, ist es wichtig, sie danach durch Bewegung und/oder Trockenreiben wieder warm zu bekommen. Falls Sie die Möglichkeit haben, Ihren Hund in einem Pool schwimmen zu lassen, ist natürlich Bedingung, dass das Wasser höchstens mit Aktivsauerstoff gereinigt wird. Chlorwasser und manch andere Reinigungssysteme verursachen beim Hund üble Haut- und bei Wasseraufnahme schwerwiegende Magendarmprobleme. Auch die Schwimmbadpumpe wird einiges leisten müssen. Eine normale Pumpanlage wird durch die Hundehaare nach ein paar Schwimmgängen verstopft oder gar defekt sein. Der Filteranlage sollte mindestens ein Vorfilter vorgeschaltet sein. Auch die Wassertemperatur sollte natürlich weder zu kalt noch zu warm sein (ideal: 22 – 26° C). Bei einer Temperatur über 27° Celsius ermüden die Hunde merklich schneller; sie würden überhitzen, wenn man sie stark fordert. Es könnte sogar zum Kreislaufzusammenbruch kommen.

Die Hydrotherapie ist nur ein Baustein der ganzheitlichen Behandlung. Die Problemstellung sollte immer von mehreren Seiten angegangen werden. Eine Schwimmtherapie ist sicher ein ideales Mittel der Rehabilitation. Sie darf aber nie ohne vorausgehende diagnostische Abklärungen und nur auf Verschreibung eines Tierarztes, der mit den verschiedenen physiotherapeutischen Maßnahmen vertraut ist, durchgeführt werden. Denn so gut sie sein kann, so schlecht kann sie bei gewissen Problemstellungen sein, wie beispielsweise bei Bizepssehnenproblemen. Verschlimmert sich ein Problem nach einer Sitzung, muss die Therapie sofort abgebrochen und der Fall neu beurteilt werden. Auch hier gilt: Die Medizin ist keine exakte Wissenschaft und es soll kein »Schwarz-Weiß-Denken« entstehen. Dennoch: Verzichten möchten wir auf diese Reha-Maßnahme in unserer Praxis nicht.

Laufband:

Mit dem Laufbandtraining haben wir eine Methode zur Hand, die es uns ermöglicht, der Winkelung entsprechend die Steigung dem Hund anzupassen und so vor allem selektiv die Hinterhandmuskulatur zu fördern und aufzubauen. Durch die Steigung wird der Hund dazu gebracht, die Hinterhand unter den Körper zu führen und von hinten zu »schieben«. Der natürliche Bewegungsablauf wird somit wieder trainiert. Die Hunde sprechen darauf schnell an und zeigen innerhalb weniger Sitzungen eine deutliche Veränderung.

Das Laufband macht den Hunden wider Erwarten meist großen Spaß.

Unterwasserlaufband:

Das Unterwasserlaufband ist ein Trainings- und Rehagerät für Hunde. Durch den Auftrieb im Wasser wird die Belastung auf die Gelenke während des Bewegungsablaufs gering gehalten. Zudem entsteht durch die Bewegung im Wasser eine Oberflächenmassage des Hundes und die Wärme des Wassers wirkt auf den Hund entspannend. Meines Erachtens ist ein großer negativer Punkt des Unterwasserlaufbands der Widerstand, den der Hund im Wasser in der Vorwärtsbewegung überwinden muss. Der Körper wird während der Phase, in der der Hund stützen und abfußen sollte, entlastet. Das heißt, dass die Gliedmaßen nach vorne gewuchtet werden müssen und dagegen entspannt der Hund in der Stützphase vermehrt. Dies ist der genau umgekehrte Effekt als der, den ich beim Aufbau des Hundes anstrebe. Die Stütz- und Abfußphase soll gefördert werden. So beschränkt sich der sinnvolle Einsatz des Unterwasserlaufbandes auf neurologische Störungen, Verletzungen an spezifischen Sehnen und den Aufbau der Muskulatur, die die Gliedmaße nach vorne bringt (Anteversion). Bei der Bizepssehnenproblematik ist der Einsatz dieses Laufbandes wie auch das Schwimmen kontraindiziert.

7.5. Notfallapotheke für den Sport- und Diensthund

Hier stelle ich meine Empfehlung einer Notfallapotheke für Ihren Dienst- oder Sporthund vor, welche im Auto, im Trainingslager, beim Wettkampf oder im dienstlichen Einsatz stets mitzuführen ist.

- Sterile Gazetupfer
- Schere
- Desinfektionsmittel
- Ersatzleine
- Hundeschuh
- kleine Flasche sterile Kochsalzlösung
- Elastische, selbstklebende Verbandsrolle
- Pinzette
- Einmalhandschuhe
- Maulkorb oder Gazebinde
- Spritze (ca. 20 ml)

Wollen Sie eine komplette Hausapotheke daraus machen, ist sie zu ergänzen mit:

- Paraffinöl
- Polsterwatte (Verbandsmaterial)
- Wundsalbe
- Durchfallmittel
- Fieberthermometer, digital
- Krallenzange
- Augenspüllösung und Euphrasia - Augentropfen
- Ohrspüllösung und Ohrentzündungsmedikament
- Cold/Hot Pack
- Zeckenzange
- kleine Stablampe / Taschenlampe
- Knopfkanüle

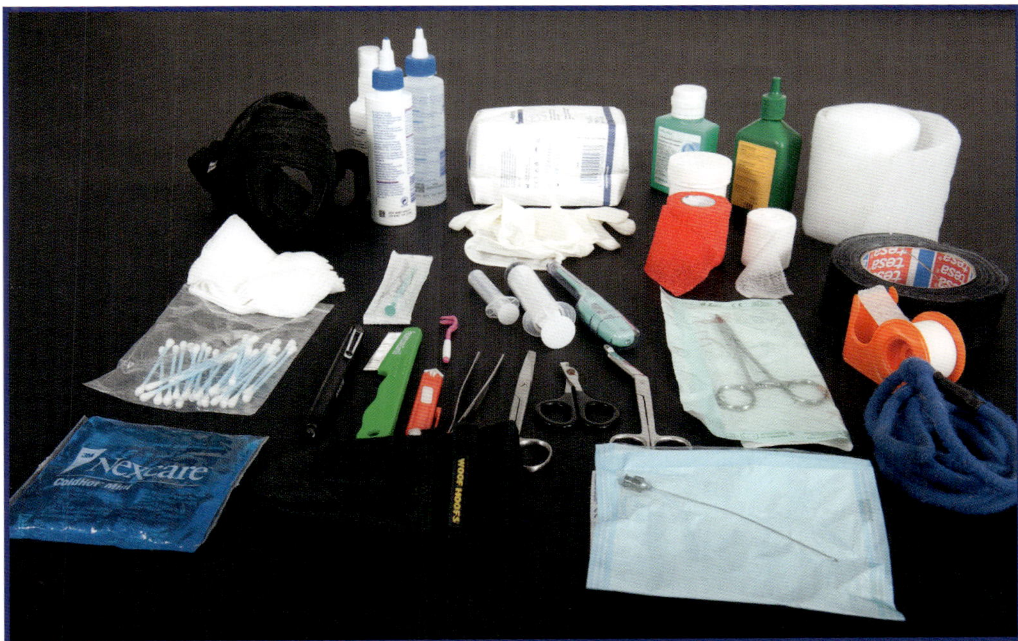

Beispiel einer Notfallapotheke.

8 Weitere Leiden

8.1. Die Wasserrute

Besonders im Sommer treffen wir Tierärzte in Einzelfällen auf diese recht unbekannte und unerforschte Krankheit. Zum Glück verläuft die Heilung meist rasch und mit gutem Ausgang. Die Vielfältigkeit der Bezeichnungen für die Erkrankung lässt erahnen: bis heute sind weder das Krankheitsgeschehen noch die Therapiemöglichkeiten abschließend geklärt. Die Begriffe reichen von Wasserrute über Hammelschwanz, Cold Tail Syndrome (kalte Rute), Limber Tail Syndrome (schlaffe Rute), Cold Water Tail (Kalt-Wasser-Rute) bis zu Dead Tail (tote Rute). Das Einzige, worüber man ganz einig ist: der betroffene Hund leidet über mehrere Tage an starken Schmerzen.

Wie sehen die Symptome aus?

- Die auftretenden Symptome sind wie die Namensgebung unterschiedlich. Der Rutenansatz schmerzt und die Schwanzbasis wird gerade vom Körper weggestreckt, der Rest des Schwanzes dagegen hängt schlaff hinunter. Bei manchen Hunden ist das Fell um den Schwanzansatz gesträubt. Viele betroffene Hunde sind verunsichert und trauen sich nicht richtig, Urin und Kot abzusetzen. Je nach Schweregrad des Schmerzes sind sie auch vorübergehend sozial unverträglich und zum Teil sogar aktiv aggressiv. Der Hund ist unfähig, sich normal Hinzusetzen. Meist nimmt er den sogenannten Welpensitz ein, das heißt, er kippt zum Hinsetzen seitlich das Becken, um dem Schmerz auszuweichen. Die Ursachen sind nicht vollständig erforscht. Betroffen sind meist Hunde, mit denen intensiv gearbeitet wird. Gehäuft tritt die Krankheit deshalb bei folgenden Rassen auf: alle Retriever, Pointer, Setter, Beagle und Foxhounds. Theoretisch kann aber jede Hunderasse betroffen sein. Im Durchschnitt sind die Hunde zwischen einem halben und neun Jahren alt. Am häufigsten betroffen sind aber Hunde im Alter von zwei Jahren. Rüden trifft es häufiger als Hündinnen.

- Das Auftreten der Wasserruten-Symptomatik steht in den allermeisten Fällen im Zusammenhang mit harten Belastungen, anstrengenden Jagden oder vorangegangenem Schwimmen in sehr kaltem oder aber auch sehr warmem Wasser. Auch der allgemeine Trainingszustand des Hundes scheint eine bedeutende Rolle zu spielen: Je untrainierter die Hunde sind, desto häufiger sind sie betroffen. In einzelnen Fällen wurde sogar als Ursache langes Verweilen in einer Transportbox angegeben, sowie auch ganz einfach ein nasses Fell bei nasskaltem Wetter. Zurzeit wird von verschiedenen Seiten diskutiert, ob der Ansatzpunkt der Rute (zu hoch angesetzte Rute) und die Aktivität der Rute (Wedelintensität und -ausprägung) nicht doch einen großen Anteil zum Problem beitragen.

Was geschieht im Rutenansatz genau?

Es gibt folgende Theorien, was sich aus medizinischer Sicht in der betroffenen Region abspielt:

- Es handelt sich um eine Stauchung der Schwanzwirbelgelenke.
- Durch die Belastung entsteht eine Entzündung zwischen den Wirbeln, einer Überbeanspruchung ähnlich.
- Die Muskulatur an der Rute wird vorübergehend zu schlecht durchblutet.
- Es besteht ein Muskelschaden an den Muskeln, welche für die Rute zuständig sind.

Die letzten beiden Erklärungen scheinen zurzeit am wahrscheinlichsten. Vermutlich beinhaltet das Krankheitsgeschehen beide Punkte. Erste Studien[2] deuten in diese Richtung. Bei den betroffenen Hunden ist ein Muskelenzym (die Creatinkinase) im Blut messbar erhöht, was auf einen Muskelschaden hindeutet. Sobald die Symptome verschwinden – in der Regel nach etwa zwei Wochen –, sind auch diese Enzyme wieder im Normbereich. Ebenso wurden unter dem Mikroskop im Gewebe bestimmter Schwanzmuskeln Muskelfaserveränderungen entdeckt. Sogar veränderte Muskelstrom-Messungen konnten nachgewiesen werden[3]. Und als letzte bisher nachgewiesene Veränderung konnte man in der Thermographie (Wärmebilder) eine deutlich reduzierte Temperatur von 2–3° Celsius im betroffenen Bereich messen. Dermaßen schmerzhaft ist das Geschehen bestimmt auch, weil das Gewebe in der betroffenen Region schlecht dehnbar ist und durch die Schwellung ein enorm gesteigerter Druck auf das Bindegewebe und die Gefäße wirkt, was die Durchblutung negativ beeinflusst.

Die Wasserrute ist eine noch recht unbekannte Erkrankung und wird als solche meist nicht erkannt. Manchmal werden aber auch Fehldiagnosen gestellt, wie zum Beispiel Schwanzwirbelbrüche oder -einrisse, Analdrüsenverstopfung und Prostataleiden. Bei einem Drittel der Hunde treten die Symptome innerhalb weniger Tage wieder auf, sobald das Training wieder aufgenommen wird. Deshalb wäre es natürlich ideal, wenn man feststellen konnte, wo das Problem herrührt, um dem Hund einen Rückfall zu ersparen.

[2] J. C. Wright, K. Braund, J. Steiss und Team W. Eward, Dr. Gillette (2003)

[3] Dr. Janet Steiss, 1987

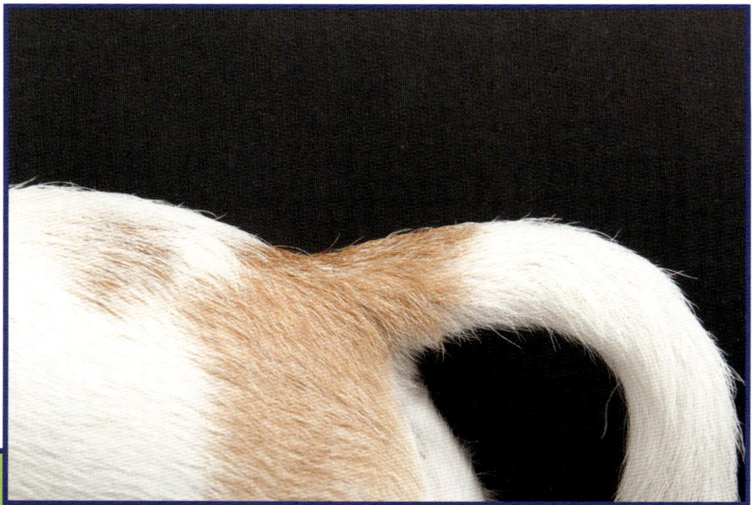

Typische Schwanzhaltung in einem akuten Fall der Wasserrute.

Zur Behandlung und Therapie bieten sich folgende Möglichkeiten an:

- Entzündungshemmende Medikamente verabreichen, welche die Entzündung und damit den Schmerz bekämpfen (NSAID = nicht cortison-haltige Entzündungshemmer).
- Warme Packungen an der Schwanzbasis
- Ruhe / Schonung
- Physikalische Medizin (z. B. Laser), welche den Muskeln bei der Regeneration hilft
- Physiotherapie
- Komplementärmedizin (z. B. Homöopathie: Bellis perennis C 30, einmal drei Globuli)

Ungewohnte körperliche Belastung wie beispielsweise das Schwimmen, besonders in kalten Gewässern, kann die Wasserrute auslösen. Richtiges Training als Vorbeugung ist deshalb ratsam. In beinahe allen Fällen erholt sich die Rute komplett. In ein paar wenigen Fällen (bis zu 16%)[4] bleibt eine abnorme Schwanzhaltung bestehen, was das Ende der Laufbahn als Ausstellungshund bedeuten kann.

[4] Dr. Eward, 2003

Was bleibt nun, um der Entstehung einer Wasserrute entgegenzuwirken?

- Seien Sie sich sicher, dass Ihr Hund vor der Jagd- und Field-Trialsaison sorgfältig und genügend trainiert wird. Bringen Sie ihn schrittweise in Form, ohne ihn übermäßig zu beanspruchen oder zu stressen. Auch das Schwimmen muss trainiert werden.

- Denken Sie für Ihren Hund mit. Kennt er seine eigenen Grenzen nicht oder überschreitet er diese gerne, so ist es Ihre Aufgabe, ihm genügend Erholungspausen zu bieten.

- Sperren Sie Ihren Hund nicht in eine zu kleine Hundebox. Er muss die Möglichkeit haben, sich gut darin zu bewegen. Sind Sie auf Reisen, so bieten Sie Ihrem Hund etwa alle zwei Stunden freie Bewegung außerhalb seiner Transportbox an, damit er seine Beine vertreten kann.

- Bei jedem Wetter, aber insbesondere bei kalter, feuchter Witterung: Trocknen Sie Ihren Hund gründlich und ausreichend und bieten Sie ihm einen warmen Platz an, mindestens solange sein Fell noch etwas feucht ist.

8.2. Hitzschlag

Zum Hitzschlag kommt es bei Hunden immer wieder. Die häufigste Ursache ist Überhitzung im Auto. Dabei kann die Körpertemperatur auf 41° Celsius erhitzt werden. Beim Hitzschlag handelt es sich um einen Notfall. Es ist wichtig, ihn ernst zu nehmen. Anzeichen dafür sind: Taumeln, blasse bis bläuliche Schleimhäute, reduziertes Allgemeinbefinden und übermäßiges Hecheln. Folgende Erste Hilfe Maßnahmen müssen sofort eingeleitet werden:

- Bringen Sie den Hund an die frische Luft.

- Versuchen Sie, auf jede erdenkliche Weise den Hund herunterzukühlen, zum Beispiel durch kaltes Wasser am ganzen Körper oder gar kalte Einläufe.

- Halten Sie den Hund unbedingt in Bewegung, ansonsten »verkocht« die Muskulatur.

- Lassen Sie ihn kühles Wasser trinken.

- Suchen Sie schnellstmöglich einen Tierarzt auf. Er wird Ihnen helfen, den Hund herunterzukühlen, seinen Kreislauf und mit einer Cortisoninjektion die Zellwände zu stabilisieren, damit der Schaden in Grenzen gehalten werden kann.

- Notfalls führen Sie eine Herzmassage aus und beatmen ihn.

8.3. Erfrierungen

Zu Erfrierungen kommt es in unseren Breitengraden eher selten, aber wenn ein Hund an einer Erfrierung leidet, dann ist das richtige Handeln für die Prognose zur Ausheilung äußerst wichtig. Merkmale einer Erfrierung sind: Taubheit oder später starke Schmerzen, also Lecken an der betroffenen Stelle, fehlende Durchblutung, also absolut weiße bis gräuliche Haut. Das Gewebe ist verhärtet und meist zeigt es sich schuppig. Ohren, Schwanz und Pfoten sind besonders gefährdete Stellen.

- Rubbeln und massieren Sie Ihren Hund

- Bringen Sie ihn in einen kühlen Raum (maximal 12°C) und decken ihn zu

- Geben Sie Ihrem Hund kalten Bohnenkaffee ein (zwei bis fünf Milliliter pro zehn Kilogramm Körpergewicht)

- Überwachen Sie streng die Körpertemperatur

- Erhöhen Sie innerhalb einer Stunde die Raumtemperatur auf 18° Celsius

- Nehmen Sie schnellstmöglich Rücksprache mit Ihrem Tierarzt

8.4. »Sonderfall« Labrador Retriever

Weshalb ich gerade dem Labrador ein eigenes kurzes Kapitel widmen möchte, hat einen Grund. Ich werde immer wieder von Labrador-Besitzern konsultiert, welche mit ihrem Hund gesundheitliche Probleme haben und oft schon eine richtige Odyssee hinter sich haben. Da es sich beim Labrador Retriever um eine häufig vorkommende Rasse handelt, trifft es dementsprechend viele Individuen. Deshalb möchte ich hier aufklären und auf ein paar wenige, aber sehr wesentliche Details des Labradors eingehen.

Ein kurzer Abriss der Entstehungsgeschichte als Link zum ersten rassetypischen Problem: Namensgebend für die Rasse ist die kanadische Halbinsel Labrador. Die Bezeichnung »Labrador Retriever« wird seit 1870 verwendet. »*Retrieve*« bezieht sich auf seine ausgeprägten Apportieranlagen bei der Jagd. Damals war seine Aufgabe, abgetriebene Fische und Fischernetze aus dem Meer zu holen. Diese Fähigkeit, sich im Wasser effizient und wendig zu bewegen, ist unter anderem ein Resultat der sogenannten Schwimmhäute und breiten Pfoten. Durch diese Stellung und das leider oft vorhandene Übergewicht spreizen sich die Zehen im Alter vermehrt ab und die Zehengrundgelenke werden durch Scherkräfte überbelastet. So entsteht sehr oft eine Zehengrundgelenksarthrose, die häufig nicht erkannt wird. Da in der Regel beide Vorderpfoten betroffen sind, also beide Seiten schmerzen, zeigt sich selten eine deutliche Lahmheit, sondern lediglich eine Verkürzung des Schrittes, um die Belastung auf die Grundgelenke zu reduzieren. Dies ist nicht sehr offensichtlich und bringt trotzdem viel Leiden.

Der Exercise Induced Collapse (EIC) ist eine weitere Erkrankung des Labrador Retrievers, welche oft nicht erkannt oder mit Epilepsie verwechselt wird. Sie wird ebenfalls autosomal-rezessiv vererbt und äußert sich dadurch, dass betroffene Tiere bei längerer, starker Anstrengung zunächst einen schwankenden Gang entwickeln und schließlich kollabieren können. Nach einer Ruhepause tritt aber in der Regel eine vollständige Erholung ein. Es ist natürlich fatal, wenn dem Hund ein Epilepsiemittel verabreicht wird, obwohl er nicht daran erkrankt ist. Da die »Anfälle« nicht wegbleiben, wird daraufhin die Dosis erhöht. Da das Medikament schwere Nebenwirkungen haben kann, ist nicht nur dem Hund nicht geholfen, sondern es wird ihm sogar noch zusätzlich Schaden zugefügt. Die EIC kann durch einen Bluttest bestätigt werden. Es sollte nur mit EIC-freien Hunden gezüchtet werden.

Anatomie vieler Labradorpfoten: Die Zehen stehen nicht in einer geraden Achse, sondern etwas abgespreizt.

9 Spezielle Betätigungen Ihres Hundes – worauf Sie achten sollten

9.1. Nasenarbeit (inkl. Fährtenhund und Mantrailing)

Der Hund ist ein Makrosmate, genau übersetzt »ein Großnasiger« auf Deutsch also ein Nasentier[5]. Diese Fähigkeit hat sich der Wolf in der Evolution zugelegt, um seine Beute zu wittern, zu orten, Fährte aufnehmen und jagen zu können. Sie sichert ihm also das Überleben. Zuerst möchte ich ganz kurz erklären, zu welchem Begriff welche Fähigkeit unabdingbar ist:

Wittern: Fähigkeit, Gerüche zu differenzieren

Orten: Fähigkeit, das Alter und die Geruchskonzentration zu erkennen und die Fähigkeit des Stereo-Riechens

Fährten: Fähigkeit, das Alter und die Richtung zu erkennen und zu verfolgen, Stereo-Riechen

[5] »Groß« bezieht sich aber hier nicht auf die räumliche Ausdehnung, sondern weist auf die herausragenden Qualitäten der Hundenase hin.

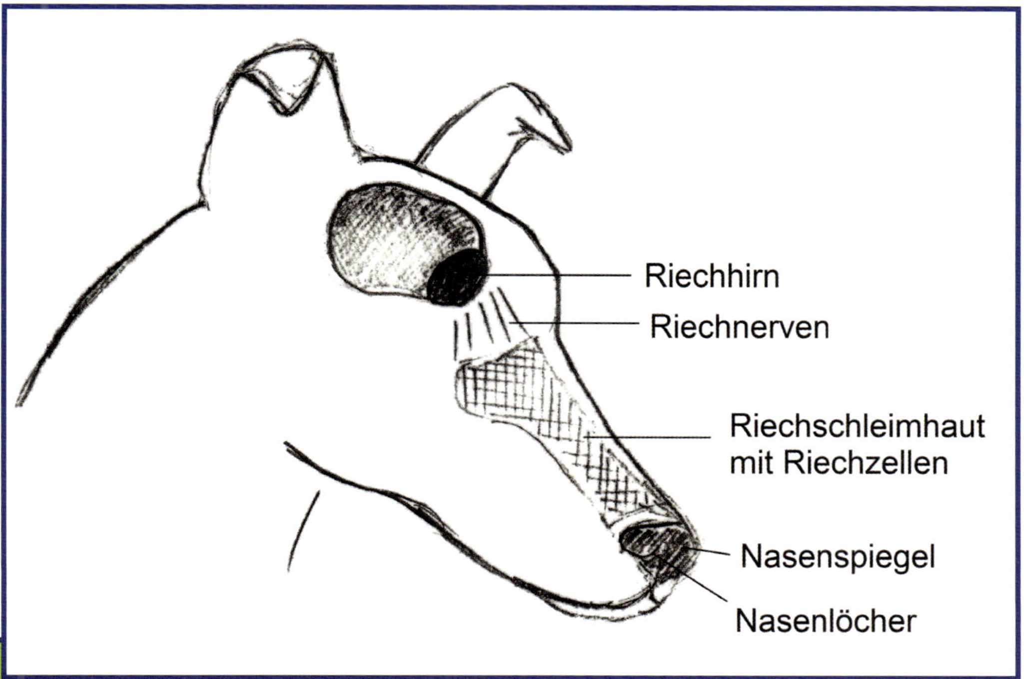

Anatomie der Geruchsleistung

Die Riechschleimhaut kleidet die Nasenhöhle, die Nasennebenhöhle und die Stirnhöhle aus. Sie besteht aus vielen Funktionseinheiten (Basalzellen, Schleimdrüsen, Nervenzellen). Essenziell für die Riechleistung ist das Sekret der Schleimdrüsen (Bowman'sche Drüsen) in Zusammenarbeit mit den Zilien (kleinste Haare) und den Nervenzellen, welche die Aufnahme und Wandlung des Signals gewährleisten. Von den Nervenfortsätzen gelangt der Impuls an die Riechnerven, wird von dort weiter an die Riechkolben und schließlich zum Riechhirn weitergeleitet.

Zehn Prozent des Hirngewichts werden durch das Riechhirn belegt. Dieser setzt ein Bild aus den verschiedenen Farben und Intensitäten zusammen, gleicht den Geruch (flüchtige Stoffe) ab und leitet die Signale an die Riechzentren weiter.

Speziell zu erwähnen ist das Jacobson'sche Organ. Dieses dient als Geschmacksstelle und befindet sich im Gaumen. Es deckt die »nicht flüchtigen« Geruchsstoffe ab und ist stark mit dem limbischen System (Gefühlswelt, Emotionen, Trieb) verknüpft. Es ist also anatomisch bedingt, dass sich die emotionale Lage der gesuchten Person dadurch unbewusst auch auf den Hund überträgt. Das ist gerade im Aufbau des Hundes für die sogenannten Runners und Fährtenläufer also äußerst wichtig.

Für die enorme Riechleistung ist die Oberfläche der Riechschleimhaut entscheidend. Pro Quadratzentimeter sind es etwa eine Million Riechzellen. Je nach Rasse beträgt die Fläche der Riechschleimhaut zwischen 80 und 300 cm^2. Die besondere Atemtechnik ermöglicht dem Hund beim Schnüffeln das Lösen der Moleküle im Schleim bis zu 300 Mal pro Minute.

Bis zu 1200 unterschiedliche Gerüche sind für den Hund erschnüffelbar. Wenn wir die Riechleistung des Hundes mit der des Menschen vergleichen, kommen wir zu einem erstaunlichen Ergebnis: Er hat 50 Mal mehr Riechzellen, vier Mal mehr Typen von Rezeptoren, kann 30 Mal häufiger schnüffeln, was für das Lösen der Geruchstoffe wichtig ist. Zudem hat er 20 Mal mehr Härchen pro Nervenzelle und sein Riechhirn nimmt zehn Mal mehr der Gehirnmasse (zehn Prozent) ein. Kurz zusammengefasst und ausgerechnet: der Hund riecht bis zu einer Million Mal besser als der Mensch.

Was riecht der Hund beim Mantrailing oder bei der Personensuche?

- Rafts = abgestorbene Hautzellen, die wir permanent verlieren (50 Mio. pro Minute)
- Bakterielle Zersetzung -> Freisetzung von löslichen Stoffen / Gasen
- Ideale Geruchsartikel: alle Dinge, die im direkten Kontakt mit der Haut der gesuchten Person waren (Bsp: Kleidung, Käppi, Zigarettenstummel, Bürste/Kamm etc.): Sogenannte »scent articles«.
- Geruchstoffe verbinden sich mit dementsprechenden Rezeptoren
- Leitung via Riechnerv zum Bulbus olfactorius (»Riechkolben«)
- Der Hund erstellt Gruppierungen und ordnet zu

Konzentrierte Sucharbeit ist eigentlich nur etwa fünfzehn Minuten lang möglich, eine große Ausnahme stellt der Mantrailer dar. Die Ausdauerleistung der Sucharbeit ist aber nicht uneingeschränkt trainierbar. Sie ist auch abhängig davon, wie gut der Hund die anderen Sinne »offline« schalten kann. Je nach Umweltbedingungen kann die Konzentrationsfähigkeit etwas variieren.

Um die Ausdauer bei der Sucharbeit zu optimieren, tränken Sie Ihren Hund: pro zehn Kilogramm Körpergewicht etwa 200 ml Wasser vor und 400 ml Wasser nach dem Trailen. Das Wasser ist für die Lösung der Geruchsstoffe auf der Schleimhaut und die Fettverbrennung essenziell. Der Wasserverbrauch ist während der Nasenarbeit sehr hoch.

Um den Hund ideal lesen zu können, muss der Hundeführer weitere Begebenheiten kennen. Sie basieren auf den physikalischen Grundlagen: Die Luftschicht am Körper der gesuchten Person ist wärmer und steigt deshalb auf. Diese Luft nimmt die sogenannten

Rafts mit. Diese Rafts sinken wieder ab, sobald sie in den kühleren Luftbereich geraten (bis 45 cm über Kopf). Solange sie in der Luft sind, sprechen wir vom »Airborne Scent«. Bei der bakteriellen Zersetzung der Rafts, welche schon in der Luft beginnt, entsteht also eine Gaswolke.

Auch das Klima hat einen großen Einfluss auf die Sucharbeit. Ideale Bedingungen herrschen bei mittlerer Temperatur. Bei großer Hitze wird die Zersetzung der Rafts verlangsamt, ebenso bei Trockenheit. Bei leichtem Regen wird die Zersetzung intensiviert, bei starkem Regen werden die Rafts aber vorzeitig weggeschwemmt. Ebenso wird bei starkem Wind über 25 km/h die Spur deutlich in Windrichtung davongetragen. Die Windrichtung muss beim »Lesen« des Hundes natürlich mit einbezogen werden. Bei einer Windstärke von über 35 km/h ist es kaum möglich, Sucharbeit zu verrichten.

Die »Spur« bewegt sich stets im Gelände und Gebäude, so binden zum Beispiel Hauswände, Gräben und Wasser den Geruch. Wie oben beschrieben, hat die Thermik einen starken Einfluss (Beispiel: Luftumwälzung am Hang). Bei einem Trail in der Stadt kommen noch einige Einflüsse hinzu: Der Straßenasphalt speichert Wärme und Kälte, durch die hohen Häuser entsteht oft ein starker Luftzug durch Straßenzüge, Unterführungen und Bahnhöfe.

Mantrailerhund während eines Trainings.

Sucharbeit und die Zeit:

- Ganz frisch (unter fünf Minuten) ist die Fährte respektive der Trail oft zu schwach.

- Ideale Bedingungen herrschen, wenn die Fährte respektive der Trail 20-50 Minuten alt sind.

- Die Intensität nimmt über Stunden und Tage ab.

- Routiniers sind fähig, bis zu mehrere Tage alte Trails zu verfolgen.

Der Runner respektive der Fährtenläufer müssen motiviert sein. Dies gilt vor allem während des Aufbaus. Der Hund arbeitet so freudiger. Bei den Routiniers können dann als Training verschiedene Gemütsverfassungen mit eingebracht werden.

Fährtenarbeit:

- Zusätzlich zu all den obengenannten Daten arbeitet der Hund beim klassischen Fährten auch über Bodenverletzungen. Zum Beispiel dünstet geknicktes Gras ein spezifisches Gasmuster aus.

Schön und ruhig ausgeführte Fährtenarbeit ist das Resultat intensiven Trainings.

- Beim direkten Fährten soll der Hund jeden einzelnen Tritt ausarbeiten.

- Während des Aufbaus des Fährtenhundes wird in der Regel jeder einzelne Tritt belohnt – außer, mit dem Hund wird über Schleppfährte gearbeitet.

- Die Gegenstände werden einzeln verwiesen (liegend oder sitzend).

- Die Winkel müssen stets korrekt ausgearbeitet werden.

Gebäudearbeit

- Große Schwierigkeit können Luftverwirbelungen verursachen, insbesondere Lüftungsanlagen.

- Eventuell handelt es sich um mehrere Täter / zu suchende Personen. Diese Situation ist zu trainieren.

- Der gefährlichste Moment für den Einsatzhund ist das Umstellen von Suchen zum Anzeigen, respektive Verbellen.

Training des Suchhundes / Fährtenhundes / Mantrailers:

Zum technischen Training der Nasenarbeit sollte der Hund ein ausgeglichenes Ausdauertraining absolvieren. Mindestens zwei Mal pro Woche sollten Sie entweder Lauftraining oder Training am Fahrrad bieten. Die Grundlagenausdauer sollte über etwa drei Monate lang aufgebaut werden. Das heißt bei niedriger Intensität lang andauernde Leistung (etwa eine Stunde), erst danach sollte die Intensität gesteigert werden. Lesen Sie bitte mehr dazu im Kapitel 4.2.3. »Ausdauertraining«.

9.2. Der Drogenspürhund

Wie ein Betäubungsmittelspürhund im Detail aufgebaut und ausgebildet wird, kann hier nicht dargelegt werden. Erstens ist die Philosophie den jeweiligen Einheiten und deren Ausbildern überlassen und zweitens handelt es sich um vertrauliches Wissen, das missbraucht werden könnte. Zur Ausbildung möchte ich nur so viel schreiben: Die verschiedenen Substanzen werden dem Hund positiv verknüpft. Innerhalb von zwei bis drei Wochen können bis zu 50 Stoffe verknüpft werden.

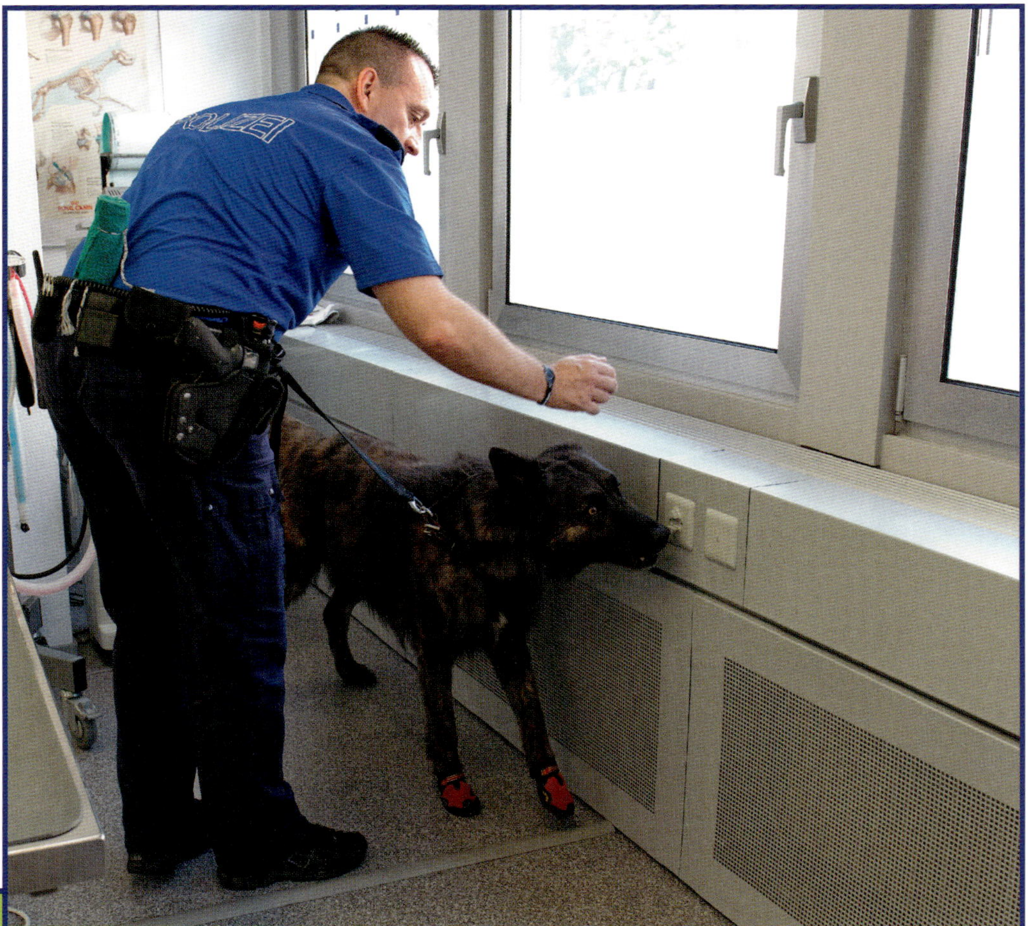

Ein Betäubungsmittelspürhund der Polizei in einer Hundeübung auf der Suche nach Kokain.

Sein Spieltrieb hilft dabei sehr. Der Hund hat aber niemals direkten Kontakt zu den Betäubungsmitteln, sondern immer nur über den Geruchssinn. Genauso wie beim Menschen hätte die Droge eine enorm schädliche Wirkung. Es ist also ein Ammenmärchen, dass die Hunde abhängig gemacht werden. Sie würden schlicht und einfach unbrauchbar. Dennoch kann es passieren, dass der Hund unfallmäßig Betäubungsmittelkontakt hat. Für diese Fälle habe ich einen speziellen Drogennotfalldienst aufgebaut. Diese Daten können Sie gerne auf meiner Homepage via Mail bestellen, nach Bestätigung von offizieller Seite, dass Sie ein dienstlicher Betäubungsmittelsuchhund-Hundeführer sind: *www.sporthundemedizin.ch.*

Zur Versorgung des Betäubungsmittelsuchhundes gilt zu sagen, dass insbesondere dem Wasserhaushalt viel Aufmerksamkeit geschenkt werden muss. Tränken Sie Ihren Hund wie im Kapitel 5.2. »Sportlerernährung« beschrieben vor dem Einsatz. Die Geruchsbindung braucht viel Wasser und Energie. Näheres dazu im Kapitel 9.1. »Nasenarbeit«.

9.3. Der Sprengstoffspürhund

Sprengstoffspürhund des schweizerischen Grenzwachkorps bei seiner Arbeit. Absuchen eines Autos.

Fast alles, was ich unter dem vorangegangenen Kapitel zum Drogenspürhund geschrieben habe, gilt auch hier. Da der SSH (Sprengstoffspürhund) sehr zuverlässig und konzentriert arbeiten können muss, sind folgende Suchzeiten einzuhalten: Sucharbeit maximal zehn bis fünfzehn Minuten (darüber kann nicht mehr genug Geruch gebunden werden), Pause mindestens 20 Minuten (am besten zehn Minuten Lockerungsspaziergang und zehn Minuten Ruhe in der Box). Wenn man aber weiß, dass ein SSH die Arbeit von bis zu zwölf Männern ersetzen kann, dann gibt man ihm gerne diese Ruhepausen. Auch hier gilt: für weitere Informationen wenden Sie sich bitte per Mail an mich. Ich möchte, dass weder die Ausbildungsdetails noch die Notfallbehandlung der Öffentlichkeit zugänglich sind.

Zur Versorgung und zum körperlichen Training begleitend zum Techniktraining kann ich mich nur wiederholen: Großzügiges Tränken mit der »Suppenmethode« wie mehrfach oben beschrieben und genügendes Ausdauertraining werden die Leistungsfähigkeit Ihres Hundes steigern und ihm eine konstante Suchleistung ermöglichen.

9.4. Agility

Bei den Agilityhunden sehen wir durch die immer höher werdenden Ansprüche – und damit auch Belastungen – bei immer jüngeren Hunden schon spezifische Verschleißerscheinungen. Diese betreffen insbesondere die Zehengelenke, Schultern und die Wirbelsäule. Die Parcours werden immer technischer und dennoch sollen die Hunde immer schneller werden. Die Hunde werden inzwischen sehr eng geführt. Oft wird auch sehr häufig trainiert – oft zu häufig, intensiv und einseitig. Die Hunde sollen zwar koordinativ und technisch Fortschritte machen, zudem höchste Schnellkraft erreichen. Dies muss aber nicht heißen, dass dies nur anhand der klassischen Parcourstrainings erreicht werden kann. Ein ausgeglichenes Crosstraining ist auch hier sehr wichtig.

Möglicher Aufbau / Themen des heranwachsenden Agilityathleten:

Welpe:	Koordinationstraining (mit Bodenarbeit, Rückwärtsrichten, Balanceelemente) Stabilisationsübungen Konzentrationsübungen (im Sekundenbereich, zum Beispiel Startposition halten)
Junghund:	Koordinationstraining mit leichten Sprüngen, sogenannte Sprunggymnastik, Balance Stabilisationsübungen Konzentrationsübungen (Verlängerung der Dauer) Langsamer Aufbau Kondition und Kraft (leichte Zugarbeit, Schwimmen) Aufbau Spezialkommandos (Sprung von hinten, Wegdrehen von Hundeführer, enge Wendung um Sprung) Aufbau der einzelnen Geräte und deren Kombinationen Zonentraining

Jungadult:	Parcourstraining Koordinationsübungen (komplex) Kondition (Zugarbeit, Lauftraining) Schnellkraft und Wendigkeit (Intervalltraining)

Möglicher Trainingsplan des ausgewachsenen Hundes:

Koordinationstraining:	Sprunggymnastik	1 x pro Woche
	Balance (in Spaziergang eingebaut)	3 x pro Woche
	Sequenzen / technisch komplex	2 x pro Woche
Konditionstraining:	Lauftraining/Fahrrad auf Zug/Schwimmen	2 x pro Woche
	Parcourstraining	1 x pro Woche
Schnellkraft:	Intervalltraining (Bsp. auf Spaziergang)	3 x pro Woche
Problembehandlung	individuell (Bsp. Zonen, Slalomeingang etc.)	1 x pro Woche

Dies liest sich, als wenn Sie nun Fulltime Trainer Ihres Hundes werden müssten, im Endeffekt kann der Wochenplan aber so aussehen:

Montag:	Sequenzen / technisch komplex, Sprunggymnastik auf Trainingsgelände Intervalltraining auf Spaziergang (Zwischensprints)
Dienstag:	Lauftraining / Fahrrad auf Zug / Schwimmen Balanceübungen auf Spaziergang
Mittwoch:	Ruhetag, nur lockere Spaziergänge
Donnerstag:	Parcourstraining und Sequenzen / technisch komplex auf Trainingsgelände Balanceübungen auf Spaziergang
Freitag:	Lauftraining / Fahrrad auf Zug / Schwimmen mit Intervallelementen
Samstag:	Ruhetag, nur lockere Spaziergänge mit Balanceelementen
Sonntag:	Intervalltraining auf Spaziergang Eventuell Tag der »Problembehandlung« auf Trainingsplatz

Die Kunst besteht also darin, die Spaziergänge und den natürlichen Bewegungsdrang des Hundes zu nutzen. Der Hund wird sogar ausgelasteter und glücklicher sein, wenn er auf dem Spaziergang kurze (!) Elemente des Balancierens oder zum Beispiel eine Konzentrationsübung einlegen kann. Es ist aber wichtig, dem Hund auf dem Rest des Spaziergangs viele Freiheiten zu bieten und ihn frei schnüffeln und sich bewegen zu lassen. Es wird keiner nur dadurch Weltmeister, dass er vier bis fünf Mal pro Woche eine Stunde auf dem Trainingsplatz verbringt. Selbst wenn der Hund kurzfristig schon sehr jung große Leistungen erbringt, wird er alsbald einen Einbruch zeigen. Dem Hund genügend Zeit zu lassen, sich zu entwickeln, die Lernschritte zu verarbeiten und zu festigen, ist viel wichtiger und kann besser in mehreren kurzen Sequenzen erreicht werden.

Zwei unterschiedliche Slalomtechniken, aber die gleiche Leidenschaft…

Dazu muss auch für ein gutes, ruhiges und motivierendes Lernklima gesorgt sein. Mit Druck und »Strafe« lernt ein Hund bewiesenermaßen weniger schnell als über Motivation und positive Verstärkung. In der Literatur wird von einem bis zu 20-fach besseren und schnelleren Verarbeiten berichtet. Viel mehr nutzt es, gezielt und geplant einzelne Elemente anzugehen. Nur wenige Hundeführer haben freien Zugang zu einem gut ausgestatteten Trainingsplatz. Aber die meisten haben die Möglichkeit, entweder zuhause im Garten oder, nach Absprache mit dem Bauern, auf einer Wiese mit einzelnen Parcourselementen ein gut geplantes und konzentriertes Techniktraining zu absolvieren. Voraussetzung dazu sind eine gute Reife und Erfahrung im Sport oder die Miteinbeziehung einer gut geschulten und erfahrenen Hilfsperson, damit sich keine Fehler einschleichen können.

Gerne verweise ich auf das Kapitel 3 »Wie Ihr Zwerg zum gesunden Sportler wird«. Und einmal mehr: Wenn der Hund von klein an die richtigen Bewegungsabläufe einstudieren kann und lernt, dass Arbeit so richtig viel Spaß macht, dann haben Sie schon die halbe Miete.

Der Rest auf dem Weg zum Erfolg ist Tempotraining. Die Motivation des Hundes wird in manchen Sequenz- und Parcourstrainings hochgehalten, damit der Hund lernt, direkt nach dem Gerät »Schub« zu geben – oder erst gar nicht zu viel Tempo herauszunehmen. Stehen »ungesunde« Parcours, ist es die Verantwortung und Pflicht des Hundeführers, den Hund so zu führen, dass dieser auf Dauer keinen Schaden nimmt. Oft stellt sich dabei heraus, dass bei solchen Parcours fehlerfreie Läufe gelaufen werden können und das Resultat beweist dann, dass Tempo herausnehmen manchmal doch die bessere Taktik ist – nicht nur gesundheitlich gesehen.

Nun denn, trotzdem wird der Hund durch sein Hobby mit der Zeit Abnutzungserscheinungen zeigen. Diese können Sie sicherlich durch gutes Warm up und Cool down und frühzeitiges Eingreifen, falls Ihr Hund einmal nicht mehr so rund läuft, hinauszögern. Auch beim menschlichen Sportler kneift und zwickt es manchmal. Sofortige physiotherapeutische Hilfe hat schon oft verhindert, dass aus solchen kleinen, akuten Problemchen große, chronische Probleme werden. Und auch hier gilt: gut gestützt und koordiniert heißt automatisch auch gut geschützt!

Ernährung: Hochwertige gut und leicht verdauliche Nahrung. Wenn Ihr Hund nicht zu Unter- oder Übergewicht neigt, reicht ein normales, hochqualitatives Adultfutter. Zu einem geeigneten Futterzusatz, um den Gelenkknorpel zu schützen, rate ich.

9.5. Windhunderennsport

Ein Magyar Agar in seinem Element.

Vierzehn Windhundrassen und vier Rassen der FCI Gruppe 5 (Spitze und Hunde vom Urtyp) werden im Windhundsport zu den klassischen Rennen und Coursings eingesetzt. Alle diese Rassen haben ein gemeinsames Merkmal: Sie sind »Sighthounds«. Es bedeutet, dass diese Rassen ein Objekt – in der Vergangenheit das Jagdwild, heute Jagdattrappen – mit den Augen verfolgen. Bewegungen der Attrappe (Flucht) sind der Auslöser für die Hunde, dieses Objekt zu verfolgen. Nachdem diese Jagd auf lebendes Wild gesetzlich verboten wurde, leben die Windhunde ihre Passion nun also im organisierten Windhundsport aus.

Typische gesundheitliche Probleme beim Windhund sind Abnutzungserscheinungen in den Zehengelenken. Da die klassischen Rennen immer in der gleichen Richtung auf den ovalen oder runden Bahnen (tracks) zu laufen sind, werden die Zehen an der Innenseite der Bahn übermäßig strapaziert. Immer mehr werden nun aber sogenannte

Coursings abgehalten, dabei wird das Jagdverhalten natürlicher nachempfunden. Die Beute (der »Hase«) wird an einem Seil über ein Rollensystem gezogen. Es finden hierbei einige Richtungsänderungen statt. Generell ist die Tierarztpräsenz an den Rennen sehr hoch. Alle Hunde werden vor dem Start kurz durchgecheckt.

Große Windhundrennnationen sind Amerika, England, Irland, Macau, Mexico, Australien und Neuseeland. Hierbei geht es neben dem Renngeschäft um das große Geld im Wettgeschäft.

In Amerika werden die Rennhunde in etwa 300 Zuchtstationen gezüchtet und trainiert. Dabei werden sie in klimatisierten Zwingern gehalten und mehrfach täglich für leichte Bewegung und mehrfach wöchentlich für das Training herausgelassen. Die »American Greyhound Council« darf diese Anlagen, also die Hundehaltung, unangekündigt kontrollieren. Im internationalen Renngeschehen wird zurzeit ein großer Aufwand gegen das Dopen von Rennhunden unternommen. Es werden häufigere Urinkontrollen veranlasst. In unseren Breitengraden ist das Doping kein großes Problem, da der Sport kein lohnendes Geschäft ist.

Whippets an einem Windhunderennen. Der perfekte Körperbau ermöglicht es den Hunden, eine faszinierende Beschleunigung zu entwickeln.

9.6. Rettungshunde, Trümmersuchhunde, Lawinensuchhunde

Generell gelten alle im Kapitel 9.1. »Nasenarbeit« beschriebenen Besonderheiten. In diesem Spezialkapitel werde ich nur auf die Besonderheiten des Arbeitsumfeldes eingehen.

Die koordinativen Anforderungen sind hoch. Wie Sie diese Fähigkeiten trainieren und fördern können, habe ich schon beschrieben. Da in den Trümmern und im Schnee die Pfoten, Zehen und Zehengrundgelenke stark belastet werden, dürfen diese nicht vernachlässigt werden. Reiben Sie die Pfoten regelmäßig mit einer Pfotenschutzcreme ein. Diese verhindert ein Austrocknen und zugleich aber auch ein Aufweichen, was bei ungeeigneten Pflegemitteln, wie zum Beispiel Vaseline, zu schnell passiert. Eventuell muss ein Futterzusatzmittel mit Zink verabreicht werden, um die Ballenqualität zu verbessern. Die Zehen und Zehengrundgelenke sollten von klein auf schon gedehnt und durchmassiert werden. Dies fördert die Durchblutung, der Hund gewöhnt sich schon früh an die Manipulation der Pfoten und Sie erkennen frühzeitig Veränderungen, da sich das Durchbewegen gleich mit einer optischen Inspektion der Ballen und der Ballenzwischenhaut verbinden lässt. Später dann, also ab dem Alter von etwa fünf Jahren, wird das Ritual etwas ausgedehnt und die Zehengelenke werden täglich einmal mobilisiert. Dabei werden nebst der Massage alle Zehengelenke langsam abwechselnd in Beugung und in Streckung gebracht. Dies kann dann im höheren Alter jeweils vor dem Einsatz in den Trümmern oder im Schnee mehrfach durchgeführt werden. Das verbessert die Durchblutung, das Gleiten und vor allem die Beweglichkeit, der Flüssigkeitsanteil im Knorpel nimmt zu und so wird die Belastung besser abgefangen. Diese Übungen eignen sich zugleich als Therapie der Zehengelenksarthrose, welche sich bei Hunden, die intensiv in solchem Gelände trainiert werden, oft entwickelt.

Vergessen Sie auch bei dieser Arbeit nicht, den Hund zu tränken (im Kapitel 9.1. »Nasenarbeit« beschrieben). Dies wird die Leistung steigern, über längere Zeit stabilisieren und bei den Lawinensuchhunden verhindern, dass sie Schnee fressen, was oft zu Durchfall führt.

Der Golden Retriever »Cyrano« auf dem Weg zum Weltmeistertitel an der Internationalen Rettungshunde - Weltmeisterschaft 2011 in Belgien.

9.7. Schutzhunde

Das Hauptaugenmerk in der Schutzhundearbeit, egal ob es sich um das Beißen am Franzosenanzug oder am Schutzarm handelt, muss auf das Gebiss und den Rücken gerichtet werden. Eine regelmäßige Zahnkontrolle muss mindestens wöchentlich vorgenommen werden, um Schäden frühzeitig zu erkennen. Nicht, dass oft Schäden bei der Beißarbeit entstehen, sondern damit der Hund keine negative Verknüpfung macht, falls aus irgendeinem anderen Grund eine Verletzung an einem Zahn passiert ist, und er im Schutzdienst Schmerzen verspüren würde.

Diensthunde einer Spezialeinheit bei einer Patrouille am Bahnhof.

Ich sehe täglich Hunde, welche regelmäßig Schutzdienst leisten (ob sportlich oder dienstlich) und ein Rückenleiden haben. Von der Halswirbelsäule bis zum Schwanzansatz können mehrere Wirbelsäulenabschnitte zu Problemzonen werden. Am häufigsten sehe ich Verspannungen und Verschiebungen bis hin zu Bandscheibenvorfällen am Übergang von der Brustwirbelsäule zur Lendenwirbelsäule, dicht gefolgt vom Übergang Lendenwirbelsäule zum Kreuzbein. In etwa einem Viertel der Fälle entdecken wir Probleme an der Halswirbelsäule, meist an den Halswirbeln fünf bis sieben. Diese Begebenheit ist biomechanisch einfach zu erklären: Dies sind die Stellen mit der größten Belastung im Schutzdienst. Die erste Belastung besteht beim Anbiss in einer Stauchung, darauf folgt eine Phase mit Zugkräften auf die Wirbelsäule. Je nachdem wie sauber der Figurant den Hund abnimmt oder der Hund die Tendenz zeigt, sich zu verdrehen, entstehen zusätzliche Scherkräfte. Je besser die Muskulatur ausgebildet ist, desto besser kann der Hund die Belastung kompensieren. Deshalb rate ich dringend zu einem speziellen Rücken- und Nackenmuskeltraining bei Schutzdienst leistenden Hunden. Dafür eignen sich bestens: Zughundetraining, Tragen von schweren Ästen und Schwimmen. Ebenso entscheidend ist die Intensität der Belastung. Ein paar wenige Repetitionen kann der Hund gut weg-

Beim Schutzdienst werden vor allem Rücken-, Kiefer- und Nackenmuskulatur stark beansprucht.

stecken, fortdauernde Wiederholungen der Übungen können den Körper aber schnell überbeanspruchen. Innerhalb des einzelnen Trainings ermüdet die Muskulatur langsam und kann die Krafteinwirkung von außen nicht mehr genügend abfangen. Aber auch die Anzahl der Trainingseinheiten pro Woche müssen gut durchdacht sein. Auch hier empfehle ich vielmehr ausgeglichenes Crosstraining als allzu einseitige Belastung. Hat der Hund ein Rückenproblem entwickelt, muss so schnell wie möglich abgeklärt und therapiert werden.

9.8. Jagdhunde

Zum Jagdhund ist vor allem ein wesentlicher Punkt zu erwähnen: die Unterzuckerung. Dieses Problem entsteht bei Hunden, welche von der genetischen Prädisposition (allgem. Jagdhunderassen) her nur vermindert fähig sind, Zucker zu speichern. Auf der Jagd, die für den Körper eine intensive Belastung bedeutet, kann Ihr Hund zu taumeln anfangen, ist nicht mehr koordiniert, hechelt stark und hört vermindert. Eine schwere Unterzuckerung liegt vor, wenn der Blutzuckerspiegel unter 2,2 mmol/l gesunken ist. Bereits Werte unter 3,8 mmol/l gelten als bedenklich. Die Normwerte eines gesundes Hundes betragen 5 - 10 mmol/l. Eine Unterzuckerung ist immer ein Notfall und muss sofort behoben werden, denn das Gehirn des Hundes braucht Zucker.

Die Deutsch Drahthaarhündin nimmt Witterung auf.

- Bieten Sie Ihrem Hund sofort kohlenhydratreiches Futter oder Süßgetränke an – egal was.
- Kann er selbst nicht mehr fressen? Reiben Sie ihm Glukosesirup oder Honig in die Backentasche.
- Oder zerreiben Sie schnell ein paar Plättchen Traubenzucker und reiben Sie ihm die Krümel in die Backentasche.
- Halten Sie bitte Ihren Hund fest, falls er unruhig ist. Er soll sich jetzt nicht weiter bewegen, bis der Zuckerspiegel wieder gestiegen ist. Denn Bewegung senkt jetzt den Blutzucker weiter.
- Bieten Sie Ihrem Hund so schnell wie möglich eine volle Mahlzeit mit langwirksamen Kohlenhydraten an (zum Beispiel Dinkel, Vollkornteigwaren oder Vollkornbrot).

Falls Sie auf der Jagd einen solchen Zwischenfall mit Ihrem Hund erleben, suchen Sie bitte so schnell wie möglich den Tierarzt Ihres Vertrauens auf, um weitere Abklärungen vorzunehmen.

9.9. Hütehunde

Hütehunde müssen wahrlich Allrounder sein. Sie brauchen Ausdauer, gute koordinative Fähigkeiten, Schnellkraft und eine hohe Konzentrationsfähigkeit. Wird das Hüten nicht nur als Sport ausgeführt, sondern wird der Sommer auf der Alp verbracht, müssen die Hütehunde während der Saison stark zugefüttert werden (Fettgehalt hoch halten oder gar Fette zufüttern). Ebenso brauchen die Hunde vier Wochen vor der Reise auf die Alp ein tägliches Ausdauertraining und eine spezielle Pfotenvorbereitung. Viele Hütehunde fallen bereits in den ersten Wochen der Alparbeit aus, da ihr Körper nicht auf die große Belastung vorbereitet wurde. Da der Gang zum Tierarzt sehr aufwändig sein kann (Distanz), haben wir viele Alp Teams via Handy oder Internet (Fotos und Filme), je nach Empfang, in Betreuung. Eine gut sortierte und dem Job angepasste Notfallapotheke ist in der Regel sowieso vorhanden. Am besten informieren Sie sich im Voraus und lassen sich einige Notfalltipps und kniffe geben.

Ich rate allen Hundeführern, deren Hunde in ihrem Alltag mit Schafen zu tun haben, ihre Hunde mindestens einmal im Jahr zusätzlich mit einem speziellen Wurmmittel zu entwurmen, welches auch gegen die gefürchteten Lungenwürmer hilft.

Border Collie »Blaze« ist mit Leib und Seele Hütehund.

9.10. Schlittenhunde

Als spezifische Berufskrankheit der Schlittenhunde sind sicher Pfotenprobleme, Schulterverletzungen und Ermüdungsbrüche zu erwähnen.

Schulter: Die Trails werden immer besser zu befahren, dadurch werden sie aber auch immer härter. Die Belastung auf die Gelenke wird dadurch größer. Durch die hohe Geschwindigkeit ist ein Misstritt neben den Trail in den Tiefschnee oder in ein Schneeloch fatal. Hinzu kommt, dass die Bizepssehnen stark belastet werden und es dadurch nicht selten zu einer Sehnenscheidenentzündung kommen kann. Das richtige und perfekt angepasste Zuggeschirr kann hier vorbeugen, damit bei richtiger Kraftverteilung der Bewegungsablauf nicht gestört wird.

Mittelfuß: Zu Ermüdungsbrüchen kommt es vor allem bei Sprinthunden durch die wiederholte Belastung auf hartem und kaltem Boden. Meist sind die beiden mittleren Mittelfußknochen davon betroffen. Sie sind wie ein konventioneller Knochenbruch zu behandeln. Dies bedeutet in der Regel das Aus für die ganze restliche Rennsaison.

Ein Musher kontrolliert direkt nach dem Zieleinlauf die Pfoten seiner Hunde.

Pfoten- und Krallenverletzungen: Harscher Schnee, scharfkantiges Eis und die harten Trails führen oft zu kleinen Verletzungen im Zwischenballenbereich. Manchmal bilden sich sogar Schnee- oder Eisklümpchen. Die Folge von diesen Verletzungen sind oft Entzündungen bis hin zu Infektionen. Vorbeugend wirken eine genügende Zinkversorgung über das Futter und pflegende Salben. Bei bestehender Entzündung sollte die Salbe desinfizierend sein oder gar Antibiotika enthalten. Zur Entscheidung, ob die Hunde Booties tragen sollen, muss die Trailbeschaffenheit und die herrschende Temperatur miteinbezogen werden. Ebenso ist es wichtig, die Pfoten nach dem Zieleinlauf auf mögliche Verletzungen oder Schürfungen zu untersuchen. Die Bildung der Eisklümpchen kann durch Einfetten vor dem Start verhindert werden.

Die Krallen können abbrechen oder einreißen. Dies ist sehr schmerzhaft und kann auch über Entzündungen zu Infekten führen. Versorgen Sie solche Verletzungen unmittelbar durch Kappen der teils abgerissenen Kralle, verleimen (Sekundenkleber) des Risses oder durch Stabilisierung mittels eines vom Elektrofachgeschäft organisierten Stückes Schrumpfschlauch. Kommt es zu Blutungen, muss die Stelle sorgsam desinfiziert und gegebenenfalls mit einer antibiotischen Salbe versorgt werden. Krallenbettentzündungen sind oft schmerzhafter, als sie aussehen und gehören gleichfalls versorgt.

Achillessehnenabriss: Bei enormer Belastung kann bei Langdistanzrennen auch mal eine Achillessehne abreißen. Der Hund hat sofort keine Stabilität mehr und tritt so stark durch, dass er ganz bis zum Sprungelenk auf den Boden auftritt. Diese Situation stellt einen Notfall dar und muss sofort durch eine Operation angegangen werden.

Bei der Fütterung muss unbedingt auf einen hohen Fettgehalt geachtet werden, damit der Hund genügend Energie zugeführt erhält. Das Tränken ist wie oben beschrieben durchzuführen. In der Regel zahlt es sich aus, wenn die Schlittenhunde das ganze Jahr durch mit Suppe versorgt werden und sich so an eine ausreichende Flüssigkeitsaufnahme gewöhnen.

Durch die Kälte und die Ausdauerleistung brauchen die Hunde eine massiv erhöhte Energiezufuhr während eines Rennens.

9.11. Wasserrettungshunde

Die Wasserrettungs-Arbeit ist als Teamwork von Hund und Hundeführer zu verstehen. Der Hund hilft dem Menschen als »Dienstkollege« durch seinen Wasserinstinkt, seine Unterordnung und vor allem seiner Schwimmausdauer zu rettende Menschen und Boote an Land zu ziehen. Geht es also darum, in die höheren Prüfungsstufen zu kommen, eignen sich vor allem die größeren, stärkeren Hunde wie der Neufundländer und Landseer. Die Wasserrettungsarbeit ist generell noch wenig bekannt. Die fertig ausgebildeten Teams könnten für Patrouillen an Seen und Flüssen, bei Seeüberquerungen oder ähnlichen Veranstaltungen in Zusammenarbeit mit ausgebildeten Lebensrettern eingesetzt werden.

Die Arbeit erfordert insbesondere Kraft und Ausdauer. Die Hunde müssen sorgfältig trainiert werden. Auch hier gilt das Prinzip des Crosstrainings. Der Hund soll also nicht nur Ausdauer als Schwimmer erlangen, sondern auch in ausgedehnten Radtouren oder Laufsportbegleitung trainiert werden. Wird intensiv in der Ausdauerleistung trainiert und halten sich die Hunde oft im Wasser auf, müssen Sie unbedingt ein an Fett reichhaltiges Futter anbieten. Meist wird es nötig, zusätzlich Fett unterzumischen. Ich verweise auf das Kapitel 5.2. »Sportlerernährung – worauf es ankommt«.

Der Hund ist mit einem speziell für die Wasserarbeit entwickelten Geschirr ausgerüstet. Dieses Geschirr gleicht den bekannten Spurengeschirren, ist jedoch aus wesentlich breiteren Gurten gearbeitet und hat auf dem Rücken zwei Griffe, mit denen der Hund leicht aus dem Wasser gehoben werden kann (z.B. ins Boot). Es ist wichtig, dieses Geschirr speziell gut zu pflegen und regelmäßig zu kontrollieren, da durch kleinste Hautverletzungen, welche durch Scheuern entstehen, Bakterien allzu leicht in die tieferen

Die Wasserrettungshundearbeit verlangt vom Hund eine große Ausdauer.

Hautschichten eindringen können. Durch die permanente Feuchtigkeit im Fell wegen der häufigen Aufenthalte im Wasser kann dies zu schwerwiegenden Infekten der Haut und des Unterhautgewebes führen.

Die Bizepssehnen werden durch das viele Schwimmen besonders belastet. Die Sehnenscheiden müssen regelmäßig kontrolliert werden. Hatte eine Sehnenscheidenentzündung viel Zeit sich festzusetzen, ist sie schwierig zu therapieren. Da das Problem oftmals gleichzeitig und beidseits auftritt, ist manchmal kaum eine Lahmheit erkennbar. Erste Anzeichen sind Schwellung der Sehnenscheide und ein leicht verkürzter Schritt. Die Therapie kann langwierig sein. Nach meiner Erfahrung wirkt die extrakorporale Stoßwellentherapie am besten.

9.12. Brandbeschleunigersuchhunde / Brandmittelspürhunde

Diese Hunde sind in der Belastung wie Nasenarbeitshunde zu versorgen, zu trainieren und zugleich auch wie Trümmersuchhunde peinlich genau in der Pfoten- und Zehengesundheit zu betreuen. Am besten werden maßangefertigte Schutzschuhe zum Schutz der Pfoten verwendet. Es gibt zwar diverse Systeme im Verkauf, aber es gibt ebenso viele verschiedene Pfotenformen. Maßanfertigungen kosten gar nicht so viel mehr als »Ware von der Stange«.

Abgebrannte Trümmer sind entweder sehr staubig oder – falls Löscharbeiten ausgeführt wurden sehr eingenässt. Beides sind deutlich erschwerende Arbeitsbedingungen. Deshalb sollten die Sucheinsätze in der Zeit leicht reduziert werden und der Hund in kürzeren Abständen getränkt werden.

10 Der Sportler wird älter

10.1. Alterungsprozess

Unsere Hunde sind nicht plötzlich alt. Vielmehr ist Altern ein natürlicher und komplexer Vorgang, der von vielen Faktoren beeinflusst wird. Der Übergang vom Erwachsenenalter zum Seniorenalter geschieht fließend. Zuerst kommt es zu einer Abnahme der Anpassungs- und Leistungsfähigkeit der Körperfunktionen. Mit zunehmendem Alter wird diese dann immer deutlicher. Die Alterungsprozesse machen sich durch zunehmend steifere Gelenke und eine Verlangsamung der Stoffwechsel- und Organfunktionen bemerkbar. Altern wirkt sich auch negativ auf die körpereigene Abwehrkraft Ihres Hundes aus. Dadurch erhöht sich die Anfälligkeit gegenüber Krankheiten und die Erholungszeit wird deutlich länger. Insbesondere wegen dieser größeren Anfälligkeit gegenüber Infektionen rate ich dringend dazu, Hunde gerade im hohen Alter gut durchimpfen zu lassen. Immer wieder werde ich in meiner Sprechstunde darauf angesprochen, ob es sich überhaupt noch lohnt, den alten Hund zu impfen oder ob es noch nötig sei. Wenn wir aber die Parallelen zur Geriatrie in der Humanmedizin ziehen, liegt die Antwort auf der Hand…

Die einsetzenden Alterungsprozesse werden durch zwei Hauptfaktoren hervorgerufen: Zelluntergang und Durchblutungsstörungen. Die Ursache für diese Durchblutungsstörungen sind die Gefäßwände, welche an Elastizität verlieren. So gelangt im Alter nicht mehr ausreichend Sauerstoff zu Gehirn, Herz, Muskulatur sowie zu anderen lebenswichtigen Organen. Dies hat automatisch Auswirkungen auf die Vitalität und das Wohlbefinden Ihres Hundes. Umso wichtiger ist die Altersvorsorge beim Hund. Warten Sie nicht so lange, bis Alterskrankheiten auftreten. Das Ziel der Altersvorsorge ist es schließlich, Leiden im Vorfeld zu verhindern. Die Alterserscheinungen sind

Je früher Sie die Gesundheitsprobleme Ihres Seniors erkennen, desto gezielter können Sie etwas dagegen unternehmen. So kann Ihrem Hund und Ihnen selbst einiges Leid erspart bleiben. Achten Sie also auf frühe Anzeichen wie zunehmende Inaktivität, Verlust der Stubenreinheit, veränderte Schlafgewohnheiten sowie zunehmende Desorientierung und erhöhte Trinkmenge. Fällt Ihnen etwas Außergewöhnliches auf, sollten Sie sicherheitshalber in Ihrer Tierarztpraxis des Vertrauens um Rat fragen. So kann Ihrem Hund von Anfang an gezielt und effizient geholfen werden.

stellenweises Ergrauen des Fells, das Hör- und Sehvermögen lässt beim alternden Hund ebenso wie beim alternden Menschen nach. Die Kreislauffunktionen sowie die Stoffwechselleistungen sind verringert, erste Durchblutungsstörungen treten auf. Veränderungen in Temperament und Verhalten sind möglich. Alte Hunde ruhen und schlafen mehr und neigen zu Übergewicht.

Auf der mentalen Seite verändert sich Ihr Hund in zunehmendem Alter hinsichtlich der Fähigkeit, seelischen Stress wie Überanstrengung, lange Reisen oder den Tod eines vertrauten Artgenossen wegzustecken. Nehmen Sie deshalb sowohl im Alltag als auch im Urlaub auf die Gewohnheiten Ihres alten Hundes Rücksicht. Versuchen Sie, unnötige Anstrengungen und Stress für Ihren Hund zu vermeiden. Veränderungen in den Gewohnheiten des Tieres (z.B. Tagesablauf, Futterumstellung) sollten langsam und nur wenn notwendig vorgenommen werden.

Die Faustregel, dass ein Hundejahr sieben Menschenjahre gegenüberzustellen ist, stimmt in etwa.

Die Alterung hängt von verschiedenen Faktoren ab:

- Hunde kleiner Rassen haben eine höhere Lebenserwartung als Hunde großer Rassen.
- Kastrierte Hunde leben im Durchschnitt ein Jahr länger als nicht kastrierte Tiere.
- Rüden und Hündinnen haben eine gleich hohe Lebenserwartung.
- Hunde, die in ländlichem Umfeld gehalten werden, haben eine höhere Lebenserwartung als Stadthunde.
- Schlanke Hunde leben länger als Hunde mit Übergewicht.

Wie bei uns Menschen nutzen sich auch beim Hund die Organe im Alter ab, und wie schon vorgängig beschrieben nimmt deren Durchblutung ab. Einige Organe sind eher vom Alterungsprozess betroffen als andere, aber im Allgemeinen bleibt kein Gewebe davon verschont. Wird die Zahl der Zellen, welche ihrer Funktion nicht mehr gerecht werden können und den Dienst versagen, groß und größer, kann das Organ die Gesamtfunktion nicht mehr erfüllen. Wir sprechen von einem chronischen Organversagen. Es besteht also ein Zelluntergang und in der Folge davon treten Enzyme dieser Zellen ins Blut über. So kommt es zum Beispiel zu einem Anstieg der Leberwerte bei einem Leberversagen. Weitere, schon relativ früh der Alterung ausgesetze Organe sind neben der Leber – Nieren, Herz, Bewegungsapparat, Sinnesorgane und Gebiss.

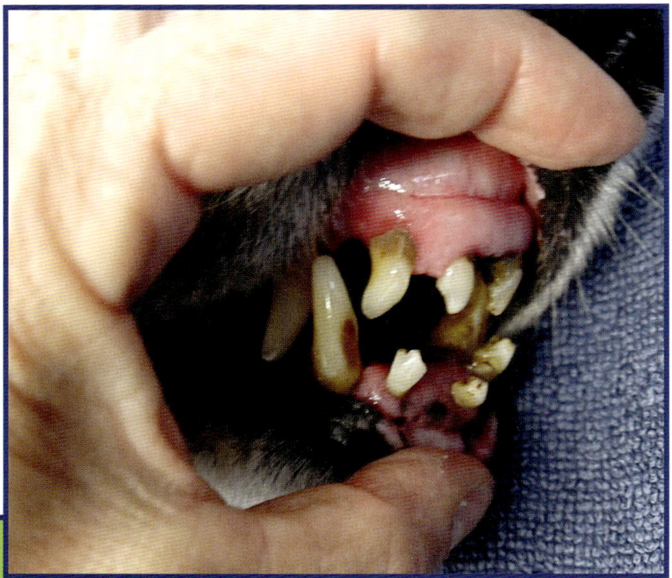

Zahnprobleme älterer Hunde sehen wir in unserem Praxisalltag recht häufig.

Es ist ganz normal, dass Ihr Hund im Sport oder Dienst mit gewissen Übungen mehr Mühe hat, manchmal beobachten wir auch eine gewisse Alterssturheit, aber ich erinnere an den Alterungsprozess bei uns Menschen – auch hier finden wir viele Parallelen. Es ist wichtig, auf diese Veränderungen individuell einzugehen, damit die gemeinsame Arbeit möglichst lange und zuverlässig verrichtet werden kann. Auch wenn sich der Hund nicht mehr so exzessiv bewegen mag und in der Dämmerung nicht mehr so ganz klar sieht, kann er dennoch Sport treiben und sogar Dienst verrichten.

Das Training und der Alltag sollten dem alternden Hund etwas angepasst werden:

- Wegen seiner Veränderungen am Bewegungsapparat ist es besser, mit dem Hund mehrere Male etwas kürzer als einmal lange zu trainieren und spazieren zu gehen. Meiden Sie generell körperliche Höchstleistungen. Eine Wanderung darf zum Beispiel auch mal mit einer Rückfahrt in der Berggondel enden, wenn der Hund starke Ermüdung anzeigt. Im Training kann eine Übung auch nur einmalig statt in mehreren Wiederholungen ausgeführt werden.

- Sorgen Sie zuhause, im Auto und im Dienst für ein weiches, warmes Lager. Damit können arthrosebedingte Anlaufschwierigkeiten gemildert oder zumindest in Grenzen gehalten werden. Seit wir spezielle Gesundheitsmatratzen empfehlen, konnten wir bei diesen Hunden oft die Schmerzmittelmenge reduzieren oder sogar deren Gabe absetzen.

- Ebenso wird sich der Darm auf mehreren kurzen Spaziergängen besser entleeren können. Denn dieser wird im Alter etwas träge und viele ältere Hunde neigen deshalb zu Verstopfung.

- Aus demselben Grund sollten Sie unbedingt Seniorfutter füttern, welches als Hauptmerkmal eine erhöhte Rohfasermenge aufweist. Dieses hilft, die Darmbewegung aktiv zu halten und wirkt so gegen Verstopfung. Ebenso enthält es (im Vergleich zu einem normalen Erwachsenenfutter) gewisse Inhaltsstoffe, welche den Körper besonders belasten, in geringerer Menge. Andererseits enthält es für den alternden Hund wichtige Stoffe in größerer Menge. Es handelt sich beim Seniorfutter also nicht um eine Marketingstrategie der Industrie, sondern um die Befriedigung eines echten Bedürfnisses des Organismus des alternden Hundes.

- Behalten Sie Ihren Senior in der Dämmerung an der Leine. Seine eingeschränkte Augen- und Gehörleistung könnten dazu führen, dass er unerwartet in die falsche Richtung oder gar auf die Straße läuft.

- Achten Sie unbedingt auf die Wasseraufnahme. Ihr Hund soll genügend, aber nicht allzu viel trinken. Als Faustregel können Sie von etwa 50 ml pro kg Körpergewicht ausgehen. Beobachten Sie einen starken Anstieg seiner Trinkmenge, suchen Sie bitte den Tierarzt auf. Ist dies der Fall, könnten verschiedene Organerkrankungen vorliegen. Insbesondere ein chronisches Nierenversagen und Diabetes zeigen sich erstmals in einer erhöhten Flüssigkeitsaufnahme und der daraus resultierenden erhöhten Pinkelmenge.

- Kontrollieren Sie das Gebiss Ihres Hundes regelmäßig. Achten Sie auf eine gute Zahngesundheit. Spätestens jetzt sollten Sie damit beginnen, den Zahnstein, also auch die Bakterienlast in der Maulhöhle, in Grenzen zu halten, das heißt zu entfernen. Bakterien führen nicht nur an den Zähnen selbst zu Schäden, sondern können über das Blut gestreut werden und an den Herzklappen und den Nieren hängenbleiben.

- Vermeiden Sie Stress. Viele Hunde können im Alter den Stress nicht mehr so gut verarbeiten.

- Nutzen Sie die Chance der Früherkennung in der Vorsorgeuntersuchung. Halbjährliche klinische Untersuchung inklusive Blutdruckmessung und jährliche Blutchecks sind anzuraten. Frühzeitig erkannte Erkrankungen (siehe nächstes Kapitel) können viel besser therapiert werden. Somit steigt die Lebensqualität und -dauer Ihres Hundes stark an. Auch der Einsatz von durchblutungsfördernden Substanzen ist zu diskutieren. Wir selbst haben in unserer Praxis sehr gute Erfahrungen damit gemacht.

10.2. Erkrankungen im Alter

10.2.1. Bewegungsapparat / Arthrose

Durch die Belastung der Gelenke ist bei jedem alternden Hund irgendwo im Körper eine Arthrose festzustellen. Je nach Einsatz, Rasse, eventueller Unfälle oder einfach Veranlagung des Hundes trifft es verschiedene Gelenke. Gewisse »Berufskrankheiten« können eindeutig festgestellt werden. Dazu mehr im Kapitel 9 »Spezielle Betätigungen Ihres Hundes – worauf Sie achten sollten«.

Ein älterer Hund sollte zu häufigen, aber kurzen Spaziergängen motiviert werden.

Definition:

Der Begriff Arthrose bzw. medizinisch korrekt *Arthrosis deformans* setzt sich aus dem altgriechischen Wort »Arthron«(=das Gelenk) und dem lateinischen Wort »deformare« (=verformen) zusammen. Einfach übersetzen könnte man es auch als »Gelenkverschleiß«. Als Ursache gilt ein Übermaß an Belastung, angeborene (zum Beispiel die Dysplasie) oder durch einen Unfall bedingte Ursachen oder die Folge einer anderen Erkrankung, beispielsweise einer Gelenkentzündung (Arthritis). In diesem Falle spricht man von einer sekundären Arthrose. Grundsätzlich kann jedes Gelenk von arthrotischen Veränderungen betroffen werden.

Dysplasie:

Klassische Ursache einer Arthrose beim Hund stellt die Hüftgelenks- und Ellbogengelenksdysplasie dar. An diesen Beispielen wird deutlich, dass die Krafteinwirkungen auf das Gelenk, insbesondere den Knorpel, bei einem dysplastischen Gelenk unregelmäßig verteilt sind. Die biomechanische Druckbelastung des Gelenkknorpels ist somit bei einem dysplastischen Gelenk größer als bei physiologischer Stellung.

Aber auch in normal und gesund entwickelten Gelenken, also nicht nur in dysplastischen, kann Arthrose entstehen. Dies durch übermäßige Belastung auf den Körper – zum Beispiel in den Zehengelenken, bei einem Kreuzbandriss mit folgender Kniearthose, bei Wirbelsäulenproblemen oder -überlastung oder bei der Spondylose (Wirbelsäulenarthrose). Als kurzes Beispiel möchte ich hier den Labrador erwähnen, der durch die Entwicklung seiner Pfoten (Schwimmhäute) oft eine nicht ganz saubere Zehenstellung hat – fast all diese Patienten beginnen im Alter von sieben bis acht Jahren an einer oft nicht erkannten Zehengrundgelenksarthrose zu leiden. Zeigt ein Hund an zwei oder gar allen vier Gliedmaßen Schmerzen, wird ein steifer Gang, aber selten eine Lahmheit beobachtet. Der Hund kann die eine Pfote nicht durch Mehrbelastung der anderen Pfote entlasten. Seien Sie also auf der Hut und schenken Sie bitte auch einem »nur« steifen Gang genügend Aufmerksamkeit!

Eine Arthrose kann zwar schubweise oder auch symptomlos verlaufen. Meist sind aber typische Zeichen eines Arthroseproblems ein Anlauf- und belastungsabhängiger Schmerz. Das Ausmaß der Schmerzen korreliert jedoch nicht zwangsläufig mit dem objektiv beurteilbaren Grad der Arthrose. Als weitere typische Symptome gelten Gelenkergüsse, zunehmende Verformung der Gelenke und manchmal sogar Gelenkgeräusche in der Bewegung durch Unregelmäßigkeit der Knorpeloberfläche.

Diagnosestellung:

Oft ergeben die klinische Untersuchung der Gelenkkonturen, der Funktion respektive Beweglichkeit, der Entwicklung respektive Symmetrie der Muskulatur und abschließende Röntgenbilder eine klare Diagnose. Auf dem Röntgenbild sind Zeichen einer vorliegenden Arthrose zu erkennen: Verschmälerung des Gelenkspaltes, Sklerose (Knochenverdichtung zu beiden Seiten des Gelenkes) und eine Osteophytenbildung (knöcherne Auswüchse) an den Gelenkrändern.

Therapie:

Meist wird eine Therapie erst begonnen, wenn die Arthrose dem Hund bereits starke Schmerzen zufügt und dementsprechend schon eine deutliche Gelenkveränderung vorliegt. Grundsätzlich verfolgt sie zwei Ziele: Schmerzfreiheit unter üblicher Belastung respektive Schmerzminderung unter Belastung und Verhinderung mechanischer Einschränkung.

Schmerztherapie

- Verhinderung von starkem Reiz, das heißt dosierte Belastung, respektive Schonung
- physiotherapeutische Maßnahmen
- Verabreichung entzündungshemmender Medikamente
- physikalische Maßnahmen
- Kühlung
- eventuell kurzfristige Cortisoninjektion ins Gelenk.

Verhinderung des Fortschreitens von Gelenkveränderungen

- Verhinderung von Überbelastung, insbesondere Vermeidung von »Stop-and-Go«
- Optimale Nährstoffversorgung des Knorpels durch geeignete Medikamente, respektive Futterzusatzmittel (Verlangsamung der Knorpeldegeneration und Verstärkung der Knorpelregeneration). Hyaluronsäure: der Abrieb von Knorpelsubstanz wird durch vom Gelenk produzierte »Gelenkschmiere« namens Hyaluronsäure reduziert. Der Abbauprozess soll während einer Dauertherapie damit teilweise reduziert oder sogar gestoppt werden. Glucosamin und Chondroitin können die Symptome der Arthrose etwas verbessern oder ihr weiteres Fortschreiten verzögern.
- Muskulärer Aufbau und Straffung des Bindegewebes unter dem Motto »gut gestützt ist gut geschützt«.
- Im schlimmsten Fall diverse operative Methoden bis hin zum Gelenksersatz, welche aber *unbedingt* genau geprüft und überlegt werden müssen!

Operative Verfahren wie Arthroskopie oder gar eine Totalprothese sind aufwändig, kostenintensiv und komplikationsreich (Infektion, Materialbruch, Lockerung). Ich empfehle diesen Weg erst zu gehen, wenn alle anderen Möglichkeiten ausgeschöpft sind und nicht zum Ziel geführt haben.
Der Wirksamkeitsnachweis von Therapiemaßnahmen bei Arthrose ist nicht einfach, da sich schmerzlose Phasen mit schmerzhaften Phasen abwechseln. Das heißt, oft leiden unsere

Patienten an sogenannten »Arthroseschüben«, welche meist wetter- resp. klimaabhängig sind. Ebenso kann die Gelenkbeweglichkeit im Verlauf der Krankheit variieren.

Prophylaxe:

Zur Vorbeugung der Arthrose wird ausreichend Bewegung ohne Überlastung, insbesondere im Welpen- und Junghundealter, der Schutz vor Gelenkverletzungen, die genetische Zuchtauswahl und die Verhinderung von Übergewicht als empfehlenswert angesehen. Ebenso muss die Fütterung beim heranwachsenden Hund gut abgestimmt werden. Als Gelenktrauma kann auch das Spielen auf rutschigem Boden, insbesondere als Welpe und/oder Junghund, hohe Sprünge und Zusammenstöße mit anderen Hunden größerer Körpermasse angesehen werden. Seien Sie sich bewusst, dass nicht das einzelne Treppenlaufen schädigend wirkt, sondern dauerndes Ballhol und -bringspiel, »lustiges ums Eck Rutschen« auf dem Parkett, wenn der Welpe »seine fünf Minuten« hat. Konzentrieren Sie sich lieber auf die Spitzen der Belastung statt auf einzelne alltägliche, kontrollierte (!) kleine Sprünge oder Treppenstufen.

Senioren leiden unter Hitze besonders stark.

10.2.2. Herz/Kreislauf

Auch die Herzmuskelzellen unterliegen dem Alterungsprozess. Häufiger als die Herzmuskelzellen sind aber die Herzklappen betroffen. Diese sind mit einem Rückschlagventil vergleichbar. Schließen sie also im Alter nicht mehr komplett, fließt ein mehr oder weniger großer Anteil des Blutes von der Herzkammer in den Vorhof zurück. Es entsteht ein Rückstau, welcher zu einem Bluthochdruck im ganzen Körper führt. So werden sekundär weitere Organe geschädigt. Insbesondere die Niere ist sehr störungsanfällig auf eben diesen Bluthochdruck.

Zum Vergleich: Eine zarte Blume sollte nicht mit dem vollen Strahl eines Wasserschlauches, sondern mit dem sanften Rinnsal einer Gießkanne gegossen werden. Ansonsten wird sie analog der Zellen der Niere unter dem hohen Druck Schaden nehmen.

Inzwischen gibt es eine Vielfalt guter und effizienter Medikamente, um auf den Bluthochdruck Einfluss zu nehmen. Dies verbessert die Körperkondition und damit auch die Lebensqualität. Die Entwicklung der Krankheit kann aufgeschoben oder verzögert werden. Eine konsequente Überwachung der Erkrankung, eine enge Zusammenarbeit mit dem Tierarzt und das Einhalten der verschriebenen Therapie ermöglichen dem Patienten oftmals noch Jahre nach der Diagnosestellung ein gutes Leben.

10.2.3. Niere

Auch die Nierenzellen haben eine beschränkte Lebensdauer. So nimmt die Zahl funktionstüchtiger Einheiten mit den Jahren ab. Ab etwa acht bis zehn Jahren kann die Zahl so stark reduziert sein, dass gewisse Giftstoffe nicht mehr genügend ausgeschieden werden können. Diese Stoffe sammeln sich im Blut und können dann zu sekundären Beschwerden wie zum Beispiel Schleimhautgeschwüren, Übelkeit und Epilepsie führen. Als erste Symptome sind vermehrtes Trinken und dementsprechend größere Urinmenge, Muskelverlust und oft auch Appetitlosigkeit mit Erbrechen festzustellen. Leider erkennt man einen Nierenschaden durch erhöhte Blutwerte erst, wenn schon 75 % des Nierengewebes seine Funktion verloren hat. Es ist in der Diagnostik also sehr wichtig, durch weitere Untersuchungen auf Früherkennung zu setzen. So ist zum Beispiel die regelmäßige Urinuntersuchung und Blutdruckmessung, welche sich beim Hund nicht so einfach gestaltet wie beim Menschen, unerlässlich. Wird ein Nierenschaden frühzeitig erkannt, kann die Niere mit einer Spezialdiät und Medikamenten stark entlastet und so das Fortschreiten aufgehalten werden.

10.2.4. Leber

Eine Leberinsuffizienz (verminderte Leberfunktion) durch Zelluntergang entwickelt sich analog der Niereninsuffizienz meist schleichend. Erste Symptome sind oft Appetitlosigkeit und Erbrechen. Erst im fortgeschrittenen Stadium werden die Schleimhäute durch die stark erhöhten Bilirubinwerte gelblich verfärbt. Auch hier können eine Diät (vor allem fettarme Schonkost) und Medikamente die Symptome mildern und das Fortschreiten verlangsamen.

10.2.5. Magen-Darmtrakt

Oft haben ältere Hunde deutlich weniger Appetit als früher und trotzdem setzen sie schneller Fett an. Der Stoffwechsel ist generell etwas verlangsamt im Vergleich zu früher. Auch der Darm wird im Alter gerne etwas träger. Ältere Hunde leiden deshalb öfter an Verstopfung, wenn der Hundebesitzer die Fütterung nicht anpasst. Das Futter sollte also schmackhaft sein und genügend Rohfasern enthalten. Diese regen die Darmmotorik an. In etwas hartnäckigeren Fällen können Leinsamen gut helfen. Diese wirken durch Dehnungsreflex leicht abführend und haben, wenn man sie als Schleim zubereitet, zugleich eine schleimhautschützende Wirkung. Das kann sehr förderlich sein, wenn Sie Ihrem Hund über längere Zeit Schmerzmittel verabreichen müssen und er mit einer Entzündung des Magen-Darmtrakts darauf reagiert.

Leinsamenzubereitung

Folgendes brauchen Sie pro Gabe und pro zehn Kilogramm Hund:

- 1 Teelöffel goldgelben, ganzen (d.h. unzerkleinerten) Leinsamen;

- 50 ml Wasser mit etwas Feuchtnahrung (wegen der Akzeptanz) angereichert.

Geben Sie Ihrem Hund zwei bis drei Mal täglich pro zehn Kilogramm Körpergewicht je einen Teelöffel (ca. 3 g) Leinsamen unzerkleinert zusammen mit der Flüssigkeit ein (aber nicht mit Milch, sonst verliert er seine Quellfähigkeit). Wichtig ist, den Leinsamen vor der Einnahme nicht quellen zu lassen, damit er seine Quellfähigkeit im Magendarmtrakt entwickelt. Auch muss eine ausreichende Flüssigkeitsbeimengung gewährleistet sein, denn Leinsamen braucht eine Flüssigkeitsbeigabe im Verhältnis von zumindest 1:10.

Zum Schutz der Schleimhaut bei Entzündungen im Magen-Darm-Bereich (zum Beispiel langfristige Gabe von verschiedenen Medikamenten) brauchen Sie ebenfalls gerechnet pro zehn Kilogramm Hund:

- Zwei bis drei Teelöffel goldgelben, geschroteten Leinsamen;

- einen Deziliter Wasser.

Weichen Sie am Abend den Leinsamen im Wasser ein und kochen Sie ihn am Morgen kurz auf. Nun geben Sie das Ganze durch etwas Mull. Dadurch können Sie den Schleim abtrennen. Füllen Sie ihn in eine Warmhalteflasche und geben Sie ihn Ihrem Hund über den ganzen Tag verteilt warm und in kleinsten Portionen.

Während der Therapie mit Leinsamen ist für eine ausreichende Flüssigkeitszufuhr zu sorgen. Auch müssen Sie unbedingt einen Abstand von einer Stunde zur Einnahme von Medikamenten einhalten.

Goldgelber Leinsamen ist in jedem Reformhaus erhältlich.

10.2.6. Sinnesorgane

Wie schon oben beschrieben, ist die Durchblutung durch die verminderte Elastizität der Gefäßwände im Alter reduziert. So nimmt der Seh-, Hör- und Geruchssinn ab und daraus resultieren oft Orientierungsprobleme. Anhand einfacher Tests können Sie beurteilen, wie viel Ihr Hund insbesondere an Hör- und Sehleistung schon verloren hat.

Sehtest:

Spannen Sie in einem Türrahmen einen Wollfaden. Schnell werden Sie sehen, dass Ihr Hund diesen je nach Lichtverhältnissen bemerkt oder nicht sehen kann. Oftmals wird eine komplette

Blindheit erst erkannt, wenn zuhause Möbel umgestellt werden. So gut können sich Hunde mit den anderen Sinnen orientieren. Nimmt aber die Leistung eines der anderen Sinnesorgane auch noch ab, wird Ihr Hund Orientierungsschwierigkeiten haben. Ein anderer guter Test, um die Sehleistung zu beurteilen: Sie werfen beim Spaziergang Ihrem Hund deutlich sichtbar sein Spielzeug. Wie reagiert er? Läuft er eventuell in die richtige Richtung und muss seine Nase einsetzen, um es zu finden oder läuft er gar einige Schritte in die richtige Richtung und schaut Sie dann fragend an?

Ein Sehtest, den Sie zuhause einfach durchführen können.

Ein Hund kann auch mit einer schlechten Sehkraft gut zurechtkommen.

Hörtest:

Wenn sich Ihr Hund in einem anderen Raum aufhält, klappern Sie mit dem Fressgeschirr, dem Schlüssel, öffnen den Schuhschrank oder testen Sie ihn mit einem anderen positiv belegten, vertrauten Geräusch. Oftmals ist dies das Öffnen des Kühlschrankes in der Küche. Als nächste Stufe können Sie testen, ob Ihr Hund Sie noch hört, wenn Sie ihn von ihm abgewendet rufen.

Hunde können normalerweise sehr gut hören. Sie können wesentlich leisere und höhere Töne wahrnehmen als der Mensch. Außerdem haben sie ein gutes räumliches Hören, d.h. sie können die Quelle des Tones genau lokalisieren. Lässt das Hörvermögen Ihres Hundes nach, müssen Sie damit rechnen, dass er sich leichter erschreckt und dass er nicht genau hören kann, aus welcher Richtung Sie ihn rufen.

Allgemeines Orientierungsvermögen: Haben Sie den Eindruck, dass Ihr Hund beim Spaziergang manchmal den Anschluss verliert und Sie nicht wiederfindet? Ihr Hund hat möglicherweise Orientierungsschwierigkeiten. Es fällt ihm schwer, sich selbständig zurechtzufinden. Im Alter lässt das Orientierungsvermögen wegen mangelnder Durchblutung des Gehirns und Nachlassen der Sinnesorgane Ihres Hundes deutlich nach und Sie sollten ihm helfen, dass er sich besser zurechtfindet. Das kann bedeuten, dass Sie ihn zu Anfang in der Dämmerung, später dauerhaft an der Leine führen müssen.

10.3 Geri-turnen (Geriatrieturnen)

Wie der alternde Mensch profitiert auch der Hund von aktiver Bewegungstherapie und Kopfarbeit. Wir bieten deshalb in unserer Praxis das sogenannte Geri-turnen an. Es soll den älteren Patienten und ihren Besitzern das Wissen und die Anleitung geben, um im Alltag ein wirkungsvolles Handwerkzeug zu haben und dem Hund die ideale Begleitung zu bieten. In diesem Kurs werden Kurzvorträge über das Altern generell gehalten, aber insbesondere Übungen gezeigt, welche die Koordination, den Kreislauf und das Denken aktiv halten sollen. Allgemein gesagt können alle bisher beschriebenen Übungen, insbesondere die Übungen für die Welpen und Junghunde, angewandt werden. Zusätzlich werden Denkspiele gezeigt. Das heißt Suchspiele (Spielzeug oder Futtersuche) und Übungen, bei welchen der Hund selbständig nach einer Lösung suchen muss. Hierzu eignen sich auch kommerziell erhältliche Denkspiele. Zusätzlich vermitteln wir Grundwissen über die Massage und geben Anleitung dazu, Wellnessmassagen selbständig durchzuführen. Sollte es in Ihrer Umgebung keine solche Gruppe geben, können Sie dennoch selbst viel für Ihren Hund tun. Dazu gleich mehr im nächsten Abschnitt.

10.4. Der wohlverdiente Ruhestand

Für den Hund, der es gewohnt ist, intensiv Sport zu betreiben oder seinen Dienst zu absolvieren, ist es schwierig, zurückzustecken, ohne dass er sich »weggestellt« vorkommt. Es ist wichtig, dass der Ausstieg langsam und sanft gestaltet wird. Der ältere Hund wird zwar dankend annehmen, dass man keine Höchstleistungen mehr von ihm erwartet und fordert, aber er wird immer noch gerne etwas leisten. Nicht nur für den Hundeführer ist dieser Schritt schwierig. Nicht allzu selten beobachte ich bei frisch pensionierten Diensthunden einen raschen Abbau der Sinnesorgane und des Interesses. Dem gilt es entgegenzuwirken. Auch wir Menschen brauchen gerade im Wechsel von der Arbeitswelt zum Ruhestand besondere Aufmerksamkeit und auch Ablenkung. Insbesondere, wenn ein junger Hund den älteren Patienten ablöst, wird es speziell schwierig. Nehmen Sie sich mit dem Senior genügend Zeit, Spaziergänge und Übungen zu machen. Da Aufmerksamkeit für den Hund eine der Hauptressourcen ist, leidet er oft darunter, dass dem Neuankömmling viel Zeit und Zuwendung entgegengebracht wird. Achten Sie darauf und schalten Sie immer wieder Zeit für Ihren Senior alleine ein. Er braucht Aktivität und Aufmerksamkeit. Arbeiten Sie weiterhin mit ihm, lassen Sie ihm aber ruhig auch mal etwas durch und seien Sie schneller mit seiner Leistung zufrieden. Nun geht es ja nicht mehr um Leistungssteigerung, sondern lediglich um Beschäftigung und Anregung. So wird er länger fit bleiben und weniger schnell altern.

10.5. Doping

Im Alltag als Sportmedizinerin werde ich oft mit dem Thema Doping konfrontiert. Die Frage nach bewusstem Doping ist mir natürlich noch nie gestellt worden, vielmehr ist es ein Thema, wenn ein Hund eine Behandlung braucht, wann und wie die Medikamente abgesetzt werden müssen, um bei einer allfälligen Dopingkontrolle nicht durchzufallen. Je nach Sportart, Verband und Land sind die Dopingvorschriften unterschiedlich geregelt. Es gibt Veranstaltungen und Länder, bei welchen die »Nulltoleranz« gilt und andere, bei denen nur gewisse aufgelistete Substanzen geahndet werden.

Falls Sie Ihren Hund vor wichtigen Anlässen also behandeln lassen müssen, ist es für Sie als aktiven Hundesportler enorm wichtig, dass Sie sich beim Tierarzt darüber informieren, wie lange die Substanz noch im Körper verweilt. Das heißt also, wie lange es dauert, bis sie abgebaut ist. Denn viele positive Dopingresultate entstehen durch Unwissenheit der Hundeführer.

Die Definition von Doping, definiert durch den Europarat (1963) lautet: »Die Verabreichung oder den Gebrauch körperfremder Substanzen in jeder Form und physiologischer Substanzen in abnormaler Form oder auf abnormalem Weg an gesunde Personen mit dem einzigen Ziel der künstlichen und unfairen Steigerung der Leistung für den Wettkampf«. In der Sportmedizin für Tiere sollte es insbesondere um den Tierschutz gehen. So soll zusätzlich zur Unterbindung eigentlicher Leistungssteigerung verhindert werden, dass Tiere, welche die Leistung gar nicht erbringen könnten, durch Medikamente unterstützt werden. Als Beispiel möchte ich hier die Schmerzmittel aufführen. Diese wirken an sich nicht leistungssteigernd, aber sie überdecken ein Problem. Der Hund könnte also weiteren Schaden nehmen.

Im Hundesport ist jede Art von Doping verboten.

An allen durch die FCI genehmigten Wettkämpfen, Rennen und Coursings können Dopingproben genommen werden. Meldet ein Eigentümer seinen Hund zu einer solchen Veranstaltung, erklärt er sich mit der Abgabe der Meldung damit einverstanden, seinen Hund einer Kontrolle zuzuführen. Diese Kontrollen finden auf der Basis der jeweiligen nationalen Dopingordnung statt.

Grundlagen dieser Bestimmung sind die Tierschutzgesetze der Europäischen Gemeinschaft.

Ein Hund, der von seinem Eigentümer zu einer Leistungsprüfung gebracht wird, muss in seinen Geweben, seinen Körperflüssigkeiten oder seinen Ausscheidungen am Tag des Rennens oder der Leistungsprüfung frei sein von allen Substanzen, die in der folgenden Stoffgruppenliste aufgeführt sind:

- Substanzen, die auf das zentrale oder periphere Nervensystem wirken
- Substanzen, die auf das vegetative Nervensystem wirken
- Substanzen, die auf den Magen-Darm-Trakt wirken
- Substanzen, die auf Herz und Kreislauf wirken
- Substanzen, die auf den Bewegungsapparat wirken
- Substanzen mit fiebersenkender, schmerzstillender, entzündungshemmender Wirkung
- Substanzen mit antibiotischer, antimykotischer, antiviraler Wirkung
- Substanzen, die die Blutgerinnung beeinflussen
- Substanzen mit zellschädigender Wirkung
- Antihistaminika
- Diuretika
- Lokalanästhetika
- Muskelrelaxantien
- Atmungsstimulantien
- Anabolika
- Corticosteroide
- Endokrine Sekrete und ihre synthetischen Homologe

Doping liegt vor, wenn bei einem Hund eine oder mehrere Substanzen gefunden werden, die in der obigen Stoffgruppenliste aufgeführt sind und diese das physiologische Maß überschreiten.

Probenentnahme:

Dem Hund ist nach dem Lauf ausreichend Zeit zu geben, um Urin auf natürlichem Wege auszuscheiden. Hierfür besteht ein Zeitlimit von einer Stunde. Der Hund wird zwischen Beendigung des Wettkampfes und der Urinabgabe durch eine dafür bestimmte Begleitperson (Dopinghelfer) beaufsichtigt. Die Urinabgabe wird durch diese Begleitperson kontrolliert und protokolliert. Nach Ablauf des Zeitlimits entscheidet der Dopingtierarzt, ob eine Katheterisierung und/oder eine Blutentnahme beim Hund vorgenommen wird. Es werden jeweils zwei Proben entnommen: eine A-Probe und eine B-Probe. Für jede der beiden Proben ist ein Mindestvolumen von 20 Millilitern Blut oder Urin zu erreichen. Die Probenbehälter werden unverzüglich versiegelt und mit einem Code versehen. Die A-Probe wird vom Tierarzt schnellstmöglich an ein für Dopinganalysen anerkanntes Labor versandt. Die B-Probe bleibt beim Dopingtierarzt und wird bei Bedarf an ein anderes, ebenfalls anerkanntes Labor, gesandt. Nach Zustellung eines positiven Dopingbefundes der A-Probe beim Eigentümer des Hundes, hat dieser die Möglichkeit, die Analyse der B-Probe zu verlangen. Dieser Anspruch muss innerhalb von zehn Tagen nach Zustellung des Befundes der A-Probe schriftlich, mit einer Erklärung zur Übernahme der entstehenden Kosten der B-Probe, eingereicht werden. Nach Ablauf dieser Zeitspanne von zehn Tagen erlischt dieser Anspruch und es gilt das Resultat der A-Probe uneingeschränkt. Die Analyse der B-Probe muss in einem anderen anerkannten Labor durchgeführt werden.

Sanktionen:

Bei positivem Erstbefund kann die Kommission folgende Sanktionen beschließen:

- Der Hund respektive Hundeführer wird nachträglich disqualifiziert.

- Der Hund respektive Hundeführer wird für mindestens sechs Monate bis maximal drei Jahre gesperrt.

Dies wird von Sport zu Sport und von Verband zu Verband unterschiedlich gehandhabt. Die FCI hat aber dafür Richtlinien erarbeitet. Zu bevorzugen ist es, dass der Veranstalter ankündigt, dass er das Recht hat, in Zusammenarbeit mit dem Wettkampf-, Bahn-, respektive Renntierarzt Dopingproben zu entnehmen, der Teilnehmer sich also gleichzeitig mit der Anmeldung einverstanden erklärt, sich der Regelung zu unterwerfen.

Kosten:

Wird Doping festgestellt, gehen die Kosten zu Lasten des Hundebesitzers. Da die Dopingtests sehr aufwändig und teuer sind, wird in den meisten Fällen nur gezielt nach einzelnen Substanzen gesucht. Ein »Rundumscreening« kann sich kaum ein Veranstalter leisten.

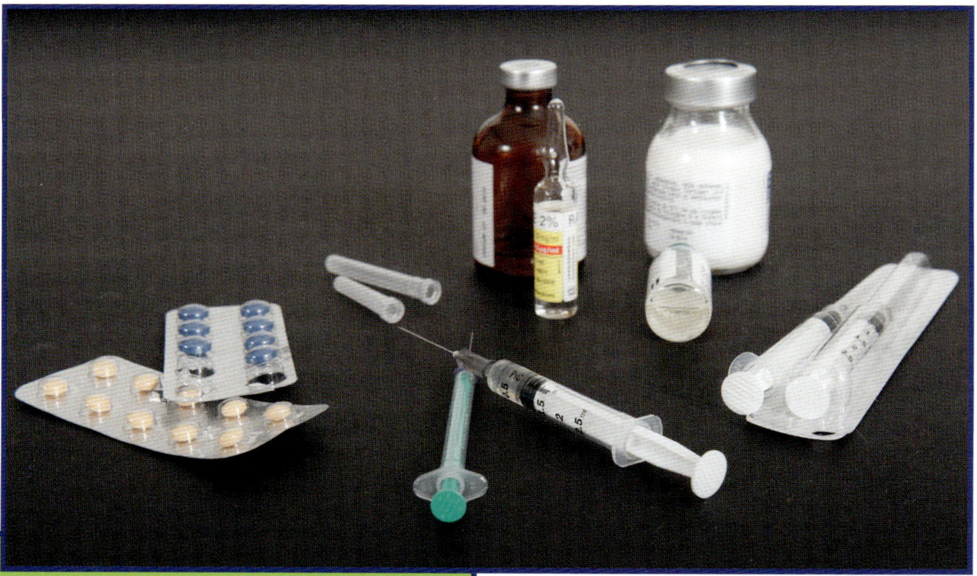

Viele Substanzen können zum Doping missbraucht werden.

Besondere Regelung von Dopingkontrollen an Meisterschaften der FCI im Windhunderennsport:

Pflichtgemäß werden auch an Welt- und Europameisterschaften in Rennen und Coursing Dopingkontrollen durchgeführt. Die Ausführung der Kontrollen wird nach dem jeweiligen nationalen Reglement durchgeführt.

Einzelfälle des Einsatzes leistungsfördernder Substanzen sind isoliert zu betrachten. Doping ist dann in Ordnung, wenn das Interesse des Menschen über dem des Tieres steht, solange es dem Hund nicht schadet und die Verhältnismäßigkeit gewährleistet ist. Als Beispiel nenne ich Rettungs- und Suchhunde: In diesem Fall ist die Rettung von Menschenleben prioritär zu bewerten.

In einer wissenschaftlichen Studie[6] nahmen Such- und Rettungshunde an verschiedenen Belastungstests teil. Diese wurden zum Teil auf einem Hochplateau unterhalb des Mont Blanc durchgeführt. Unter Extrembedingungen (Höhe 3.500 m ü. M., Temperaturen bis -30°C, Windgeschwindigkeiten bis 50 km/h) mit deutlich reduziertem Sauerstoffgehalt in der Luft wurden die Wirkung des Wirkstoffs Propentofyllin (der Wirkstoff, welcher bei ganz vielen alternden Hunden zur Verbesserung der Sauerstoffversorgung verschrieben wird) auf den Stoffwechsel, auf Herz und Kreislauf sowie die klinischen und neurologischen Funktionen der Hunde untersucht. Zu Vergleichszwecken wurden die gleichen Tests auf Normalhöhe durchgeführt. In dieser Studie wurden letztlich genau die Belastungen untersucht, denen Such- und Rettungshunde im Ernstfall ausgesetzt sind. Ziel war die Klärung der Frage, ob diese physiologischen Belastungen für die Hunde durch die Gabe von Propentofyllin reduzierbar sind und sich dadurch die Chance erhöht, verschüttete Menschen schneller zu finden. Die Ergebnisse zeigten, dass dieser Wirkstoff eine größere Ausdauer und mehr Arbeitsfreude bewirkt. Auch die Sauerstoffversorgung der Hunde ist verbessert und das auch bei extremer körperlicher Belastung in großer Höhe. So zeigten die mit Propentofyllin behandelten Hunde statistisch signifikant höhere Sauerstoffsättigungsraten ihres Hämoglobins (Trägermolekül des Sauerstoffs im Blut). Auch konnten bei den behandelten Hunden keine gefährlichen freien Radikale im Blut nachgewiesen werden. Der schädliche Einfluss des oxidativen Stresses konnte also deutlich vermindert werden.

Aber Vorsicht: diese Medikation muss unbedingt durch einen Tierarzt verschrieben und überwacht werden. Im Sport würde es sich klar um Doping handeln, aber für Hunde, welche dienstlich in Extrembelastungen geführt werden ist dies, wenn nicht ganz günstig, aber sicherlich sinnvoll.

10.6. Komplementärmedizin

Ich habe hier bewusst den Begriff Komplementärmedizin und nicht Alternativmedizin gewählt. Ich sehe eine gute Chance in der gegenseitigen Ergänzung mit der Schulmedizin.

Akupunktur, chinesische Kräutermedizin: Unsere Erfahrungen damit sind recht gut. Insbesondere bei chronischen Lahmheiten und zur Unterstützung der Schulmedizin empfehlen wir oft eine begleitende chinesische Medizin und Akupunktur. Dazu müssen Sie unbedingt einen versierten Akupunkteur mit Spezialausbildung für chinesische Kräuter aufsuchen. Idealerweise hat Ihr Therapeut vorgängig sogar das Tiermedizinstudium abgeschlossen. Diese Art der Therapie besteht schon seit über 2000 Jahren und ist hochkomplex in der Verschreibung und Anwendung.

[6] Grandjean und Renard (2005): Pract Vet Anim Comp 14, 3-6

Homöopathische Mittel: Ich rate für eine echte homöopathische Behandlung einen erfahrenen Homöopathen aufzusuchen. Dieser wird in einer etwa ein- bis zweistündiger Befragung das Wesen des Hundes erfassen und Ihnen die richtigen Mittel verschreiben. Als Akuthilfe oder unterstützend zur Schulmedizin hier ein kleiner Überblick über die Eigenschaften der einzelnen Mittel:

- Arnika: bei Lähmung, Überanstrengung, Quetschungen, Verstauchungen, Blutergüssen und Muskelschmerzen
- Calcium phosphoricum: bei Knochen- und Bänderschäden
- Hypericum: bei Wunden mit Nervenverletzungen
- Plumbum metallicum: bei schlaffer Lähmung und Muskelschwund
- Rhus toxicodendron: gegen Muskelrheumatismus und Lähmung
- Ruta: behilflich für Knochenhaut, Sehnenverzerrungen und Bänderzerrungen
- Silicea: behilflich bei der Narbenheilung
- Staphisgria: hilft bei schlecht verheilenden Wunden
- Symphytum: hilft bei Knochenbrüchen und Bänderrissen

Blutegeltherapie: Eine ebenfalls sehr alte, aber bei Mensch und Tier sehr bewährte Therpieform. Als Einsatzgebiet nenne ich insbesondere Schmerzzustände in Rücken und Gelenken. Die Egel werden angesetzt und auf dem Wirt belassen, solange sie Blut saugen. Dies dauert zwischen 15 Minuten und zwei Stunden. Mit ihrem Speichel gelangen Substanzen in den Wirt, die lokal gerinnungshemmend und schmerzlindernd wirken. Es ist von der Natur so eingerichtet, dass die Egel vom Wirt nicht erkannt werden und das Blut ungehindert fließen kann. So wird der Egel schneller satt. Der positive Effekt für den Patienten hält über mehrere Wochen an. Die Therapie kann jederzeit wiederholt werden.

11 Anhang

11.1. Die Autorin

Gabrielle Brunner Scheidegger, geboren und aufgewachsen in Basel, ist zweifache Mutter und Tierärztin. Sie setzt sich seit 1995 intensiv mit der Sportmedizin auseinander. Das Studium absolvierte sie in Bern und schloss eine Auslandzeit in München und Italien an. Nach der Assistenzzeit in einer Privatklinik am Zürichsee eröffnete sie im Jahr 2000 ihre erste Kleintierpraxis in Basel, welche sich auf Sport- und Diensthunde spezialisiert hat. Im Jahr 2010 eröffnete sie ihre Zweitpraxis. Inzwischen besteht die Praxis aus vier spezialisierten Tierärzten, zwei Tierphysiotherapeuten, zwei Schwimmtherapeuten und einer auf physikalische Behandlungen spezialisierten Praxisassistentin und weiteren Praxisassistentinnen. Seit 2013 erweitert sie ihre Fachkompetenz durch ein Osteopathie-Studium.

Schon seit sechsjährig lebt sie mit Hunden und ist seit bald zwanzig Jahren aktiv im Hundesport. Schlittenhundesport, IPO und Agility waren, beziehungsweise sind die Hauptsparten.

Gabrielle Brunner Scheidegger

11.2. Danksagung

Unzählige Personen haben zur Entstehung dieses Buches beigetragen. Besonders bedanken möchte ich mich zuerst bei meinen Kindern Lena und Jan, welche mich nicht nur mit meinen Praxen und Hunden, sondern nun fast zwei Jahre lang auch mit meinem Laptop teilen mussten. Danke Dir, Francine, dass Du Dich so liebevoll um meine beiden »Nachwuchskünstler« kümmerst. Du bist die weltbeste Nanny. Auch ohne Großeltern wäre mein ganzer Arbeitseinsatz nicht möglich, von ganzem Herzen mein großer Dank.

All die Hundeführer und -sportler, welche mir über Jahre ihr Vertrauen schenken, sind zu einem großen Teil dafür verantwortlich, dass ich meine Erfahrungen niedergeschrieben habe. Ich danke Euch allen, denn Ihr und Eure Hunde machen meinen Berufsalltag erst recht zu einem Traumjob und Ihr inspiriert mich jeden Tag von neuem weiterzukommen. Ohne Euch wäre auch die Idee dieses Buchs nicht entstanden.

Mein ganzes Praxisteam: Wie sehr bin ich Euch dankbar, wie Ihr mich immer wieder ermutigt und in diesem Buchprojekt unterstützt habt. Auch die ganze Sportmedizin in meinen Praxen ist nur dank des ganzen Praxisteams zu dem geworden, was sie heute ist.

Die wunderbaren Fotografien sind in Zusammenarbeit mit Andre Fritschi (www.dogphoto.ch), Ksenya Lim und Esther Buser entstanden. Ein riesiges Dankeschön, die Shootings haben Spaß gemacht und es entstanden dabei wohl mehrere kleine Kunstwerke. Einzelne Aufnahmen wurden mir liebenswerterweise zur Verfügung gestellt (siehe Fotonachweis).

Insbesondere viel Geduld bewies mein Partner Christoph Meier (www.marpa.ch), der hochprofessionell als Motivator, Lektor und Kritiker viel zum letzten Schliff beigetragen hat.

Des Weiteren haben sich viele Personen sehr engagiert und mir mit dem Computer und den Formatierungen, dem Gegenlesen und vielem anderem sehr geholfen: Ines Brunner, Martin Rosenthal, Helga von Büren, Denise Görgens, Ursula Linder und Pascal Peng.

Ebenso danke ich dem Kynos Verlag, insbesondere Gisela Rau, dass Ihr an mein Projekt geglaubt und mir ein solches Vertrauen entgegengebracht habt.

Und nicht zuletzt möchte ich mich bei all den Hundemodels bedanken, welche so fleißig und freudig mitgearbeitet haben.

Ihr Fellnasen seid die Größten!

11.3. Weiterführende Literatur / Quellenangaben

- Canine Sports medicine and surgery; Bloomberg, Dee, Taylor; W.B. Saunders 1998
- Small animal clinical nutrition; Hand, Thatcher, Remillard, Roudebush, Mark Morris Institute 2010
- Practical Guide to dog breeding diseases; Pierson, Mérial 2008
- BSAVA Manual of Canine and Feline Anaesthesia and Analgesia; Seymour, Duke-Novakovski; Blackwell Pub Professional; 2007
- Klinik der Reproduktionsmedizin, H.-K. Dreier; Schlütersche; 2009
- Small animal internal medicine; Nelson, Couto; Elsevier LTD, Oxford; 2008
- Handbook of Veterinary Drugs; M. Papich; Saunders; 2010
- www.wikipedia.org
- www.greyhound-data.com
- www.sporthundemedizin.ch
- www.tierphysiotherapie.de
- www.kleintiermedizin.ch
- www.karsivan.de

11.4. Bildnachweis

Alle Zeichnungen: Gabrielle Brunner Scheidegger

Alle Bilder bearbeitet von Andre Fritschi (www.dogphoto.ch)

Fotos:

Titelbild: Andre Fritschi, Ksenya Lim, Helmut Dietz, www.fotolia.de

Andre Fritschi (www.dogphoto.ch): S. 11; S. 25; S. 27 u.; S. 30; S. 32; S. 34; S. 39, S. 46 u., S. 50; S. 53 - 57; S. 60 m., S. 69; S. 73; S. 82; S. 87; S. 90; S. 102; S. 116; S. 117 u.; S. 133; S. 135; S. 138; S. 152; S.177 o.; S. 182, S. 185; Titelfoto
Ksenya Lim (www.ksenya-photomemories.com): S. 29; S. 30 u., S. 31 o.; S. 47; S. 49; S. 58-59; S. 60 o. und u.; S 81; S. 100; S. 109; S. 114; S. 117 o.; S. 119; S. 120; S. 124 - 126; S. 129; S. 131 - 133; S. 141; S. 145 - 146; S. 148; S. 158 - 160; Titelfoto
Helmut Dietz (helmut-dietz-photo): S. 41; S. 154 - 155; Titelfotos
Esther Buser: S. 27 o.; S. 31 u.; S. 46 o.; S. 168; S. 177 u.
Alexandra Roth: S. 13; S. 15; S. 17; S. 23
Gabrielle Brunner Scheidegger: S. 66; S. 173; S. 176
Claudia Wiesner: S. 26; S. 52
Heike Ritthammer (Airedalezwinger von der Laubenheid): S. 21
Johanna Hungerbühler (www.annahoj.ch): S. 42
Jutta Zahn: S. 51
Frank Desprez: S. 75
Markus Palzer: S. 77
Pascal Peng: S. 79
Gaelle Simon: S. 84
PD Dr. F. Steffen: S.111
Schweizerisches Grenzwachkorps: S. 149
Andreé Flenner (www.hundesport-fotografie.de): S. 157
Sabrina Simone: S. 161
Ueli Maurer: S. 162
Jaco Ulmann: S. 163
Jürg Zaugg (WHT, Schweiz): S. 164
Colin Hughson: S. 170
Mathilda Collot: S. 42

12 Index

E

F

G

H

I

P

R

S

T

U

V

W

Z